名校名师精品系列教材

Artificial Intelligence Cloud Platform Deployment and Development

人工智能
云平台部署与开发

微课版

易海博◉主 编
苏梓烨◉副主编

人民邮电出版社
北京

图书在版编目（C I P）数据

人工智能云平台部署与开发 : 微课版 / 易海博主编
. -- 北京 : 人民邮电出版社, 2024.9
名校名师精品系列教材
ISBN 978-7-115-63848-9

Ⅰ. ①人… Ⅱ. ①易… Ⅲ. ①人工智能－教材 Ⅳ.
①TP18

中国国家版本馆CIP数据核字(2024)第046525号

内 容 提 要

本书涵盖云计算和人工智能两大领域的内容，着重讲解人工智能应用在云平台上的部署与开发。全书共 7 个项目，分别介绍云容器和应用开发入门、Ubuntu 操作系统的部署、Ubuntu 操作系统的配置、Ubuntu 云容器的部署、Ubuntu 云容器的开发、AI 云容器的部署和 AI 云容器的开发。每个项目均提供实践操作，可帮助读者巩固理论知识。

本书可以作为职业院校计算机、云计算和人工智能相关专业的教材，也可供计算机爱好者参考。

◆ 主　　编　易海博
　副 主 编　苏梓烨
　责任编辑　初美呈
　责任印制　王　郁　焦志炜

◆ 人民邮电出版社出版发行　　北京市丰台区成寿寺路 11 号
　邮编　100164　　电子邮件　315@ptpress.com.cn
　网址　https://www.ptpress.com.cn
　固安县铭成印刷有限公司印刷

◆ 开本：787×1092　1/16
　印张：12　　　　2024 年 9 月第 1 版
　字数：256 千字　　　　2025 年 3 月河北第 2 次印刷

定价：49.80 元

读者服务热线：(010)81055256　印装质量热线：(010)81055316
反盗版热线：(010)81055315

前言

云计算和人工智能，作为现代科技发展的核心力量，已经深深地渗透社会生活的方方面面。云计算不仅极大提高了办公效率，还显著降低了企业机房建设、设备采购和维护的成本，为企业带来了前所未有的便利与效益。同时，容器与云的完美结合更是为开发人员的工作带来了极大的便利，Docker 和 Kubernetes 等技术的兴起，让开发者能够更加高效地构建、部署和管理应用。人工智能的发展更是引领了科技革命的新浪潮。从汽车自动驾驶到智能购物体验，从医学诊断辅助到天文科研探索，乃至当今众多的生成式人工智能产品（如文心一言等），人工智能的身影无处不在，不断推动着社会的发展与进步。

本书正是立足于这一时代背景，为广大读者提供了一本理论与实践相结合的云计算与人工智能学习指南。主要特点如下：

1. 理论铺垫，实践辅助

本书采用“先理论，后实践，理论和实践相结合”的编写方式，每个章节既有深入浅出的理论知识，又有与之对应的实践操作，读者在学习的过程中既不会因过多的理论而感到枯燥，也不会因过多的实操而感到迷茫。通过理论与实践的相互印证，读者不仅能够更好地掌握理论知识，还能够在实际操作中加深对理论知识的理解与应用。

2. 易于上手

本书注重初学者和课堂教学的需求，在内容设计上力求做到深入浅出、通俗易懂；无论是理论知识的阐述，还是实践操作的指导，都尽可能采用简单明了的语言和易于理解的方式，以帮助初学者快速入门。同时，本书还设计了一系列简单、易上手的实践项目，让读者在实践中逐步掌握云计算与人工智能的核心技能。

3. 内容充实

本书内容充实、结构清晰，全书共分为 7 个项目，每个项目都紧紧围绕云计算与人工智能的核心技术展开，从基础概念到高级应用，循序渐进、环环相扣。每个项目中都包含了丰富的理论知识和实践操作内容，使读者能够在完成项目的过程中逐步构建起自己的知识体系。

本书由深圳职业技术大学和联想教育科技（北京）有限公司共同编写，属于校企合作开发教材。

由于编者水平有限，书中难免存在不足之处，我们衷心希望广大读者在阅读过程中能够提出宝贵的意见和建议，以帮助我们不断完善和提高本书的质量。

编　者

2024 年 9 月

目录

项目 7

项目1 云容器和应用开发入门

问题引入

在信息大爆发的时代，每时每刻都有新的数据产生。如何处理这些数量庞大的数据，成为互联网公司需要考虑的问题。若要更高效地处理大量数据，单一的机器显然力不从心。如果为了处理这些数据专门采购机器设备，无疑会增加支出，而且后续的设备维护也是一笔不小的开销。假设一家公司开发了一款手机购物 App，用户量达到了千万级别，平均每天活跃用户有数百万，并且每天产生数十万条交易信息。如果这家公司自己处理这些数据，就需要建设属于公司的机房、购买设备、雇用研发团队和管理员、维护设备等。除了一次性建设机房和购买设备的开销，其余都是长期的支出，而很少有公司能够承受这些长期的支出。

云计算的出现使得这家公司有了新的选择，它可以选择将自己的所有数据都交给云服务提供商提供的云环境，也可以选择将不那么重要但是数量庞大的那部分数据移交给云环境，自己保留重要数据。

云计算可以提供数据存储的服务，如利用云计算分析用户画像、精准投放广告等。数据存储到云端之后，可以在云端由云服务提供商提供的服务器处理这些数据。

有了云计算助力之后，公司可以考虑如何用更加方便、高效的方法管理自家的数据、维护自家的产品。这需要一个名为云容器的工具帮助公司支持产品的开发、运维和更新。云容器独立于操作系统，公司的应用完成开发后打包成镜像，会由云容器调度，实现跨平台的产品部署和运维。

知识目标

1. 了解云服务提供商
2. 了解云计算相关案例
3. 掌握云计算服务类型
4. 了解 Docker 相关知识
5. 了解 Kubernetes 相关知识
6. 了解人工智能应用的相关知识

项目1 云容器和应用开发入门

思路指导

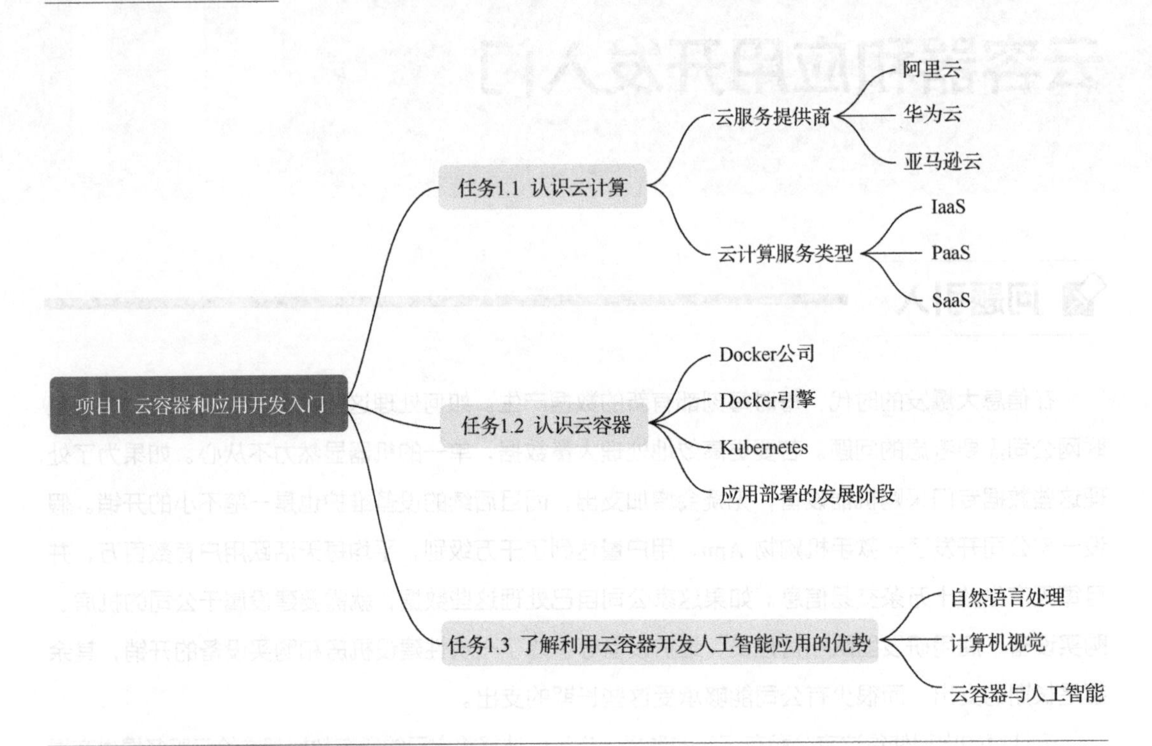

任务 1.1 认识云计算

云计算（Cloud Computing）是指通过网络“云”将巨大的数据计算处理程序分解成无数个小程序，然后通过由多台服务器组成的系统处理和分析这些小程序，得到结果并返回给用户。云计算从提出到现在只发展了十几年的时间，但是在充满“信息洪流”的当下，它是不可或缺的角色。云计算与我们每一个人的生活息息相关，比如日常使用的手机应用，就有可能用到云计算的技术。最直观的例子就是移动支付，不论是微信支付还是支付宝支付，都得到了云服务提供的支持。本任务介绍云计算的服务类型和应用场景。

工作任务

通过本任务，初步了解云计算和云服务提供商，在课外访问各个云服务提供商，详细了解他们提供的服务、不同服务之间的区别、不同应用场景的配置需求等。

云计算的使用与日常个人计算机、手机等终端设备的使用不同，它没有实体，或者说我们看不到它的实体。云计算，顾名思义是在“云端”的计算，云看得见但摸不着，就像在使用云服务时一样，我们能够操作服务器，但是触摸不到为我们提供服务的它们。提供云计算服务的服务器位于世界各地，在云服务提供商提供的配置中，我们可以选择服务器的所在位置，如华东地区、华北地区等。

本任务介绍云服务的部分内容，对于更多的内容，读者可以到云服务提供商的官方网站进行深入了解。

相关知识

1. 云计算

云计算的“云”，可以看作天上的云，看得见但摸不着。天上的云是由无数的水珠聚集而成的，云计算就是由无数的设备聚集而成的。设备的聚集并不一定是物理意义上的聚集，它可以通过互联网将分散在世界各地的设备相互连接，组成一个资源池。资源池由计算、存储、网络等资源组成。

云计算并非凭空发展而来，它经历了并行计算、网格计算和分布式计算的发展，是在前人的经验之上提出的一种适用于商业的模型。

云计算具有虚拟的特征，即当人们使用云计算提供的服务时，并不是直接使用某个设备的所有资源，而是使用通过虚拟化技术，将某个设备（如存储设备）虚拟化后的资源。虚拟化后的资源可以是被虚拟化设备的所有可用资源，也可以是被虚拟化设备的部分资源，还可以是多个设备虚拟成一个设备的资源。总之，用户使用云计算服务时，无法直观感受到自己使用的设备的现实情况，也无法知晓设备的物理位置，只有购买服务时选择的服务器所属区域是可知的。

容器随着云计算的发展而发展，在云端提供的容器服务，称为容器云或云容器，容器部分的内容请参考任务 1.2。

2. 阿里云

阿里云创立于 2009 年，经过多年的发展与沉淀，在 2019 年入选了“2019 福布斯中国最具创新力企业榜”。阿里云的实力在 11 月 11 日的“天猫双 11 全球狂欢节”（“双 11”）活动中得到了充分的体现。2020 年的“双 11”活动中，仅仅 14 秒，交易额就突破了 10 亿元，如果没有背后强大的团队和资源的支持，是无法支撑这庞大的数据量的。

阿里云就在“双 11”活动中扮演着重要的角色。“双 11”活动不仅是商业活动，也是对技术的考验。2012 年开始，天猫和淘宝用上了“聚石塔”（开放的电商云工作平台）提供的基础设施服务，基于阿里云的弹性计算服务（Elastic Compute Service，ECS）云服务器、关系数据库服务（Relational Database Service，RDS）云数据库和负载均衡（Server Load Balancer，SLB）网络来保证数据的稳定。在 2012 年的“双 11”活动中，云计算第一次与电商活动结合，展现了云计算强大的一面。

3. 华为云

华为云创立于 2005 年，是华为的公有云品牌。华为与深圳共同合作打造深圳鹏城智能体，深圳计划在 2025 年成为全球新型智慧城市标杆和“数字中国”城市典范，华为云针对深圳面临的多个挑战，提出了以下 4 个方面的结合政务与现代计算机技术的解决方案。

（1）以数据为基础，融合 5G、云、人工智能（Artificial Intelligence，AI）等信息与通信技术（Information and Communication Technology，ICT），建设城市数字底座，推进业务一体化融合，打造具有深度学习能力的城市级一体化智能协同体系，建设鹏城智能体。

（2）深圳政务云通过华为云 Stack 的统一云管理平台为全市各部门提供按需、弹性的云服务，形成“1+11+*N*”的架构，实现市政务云与省、区对接，以及市与区的资源共享，相互容灾。

（3）以数据驱动部门业务流程优化，建立智能监测、统一指挥、实时调度、上下联动的城市运行体系，实现全市应急“一张网”，使城市运行指挥管理体系高效协同。

（4）深圳鹏城智能体通过行业统筹、数据赋能，在政务、交通、电力、水务、气象等领域广泛引入 AI 技术，并建设了拥有世界先进算力的鹏城云脑。

在华为与深圳的合作案例中可以知道，深圳全市有 50 余家单位 400 余个重要的业务系统上云，企业审批项目 100%上网，24 小时无人“秒批”，全程自动审批。深圳市政府管理服务指挥中心接入了全市 63 套业务系统，汇集各部门约 110 类业务数据、30 多万路视频数据，接入了全量三维可视化地图，可以实时感知城市的人口热力分布、各类城市部件、服务设施等。中心还联通了 11 个区和 39 个委办局，建立了横向到边、纵向到底的一体化协同指挥平台，全天候支撑各项指挥调度工作开展，为各级部门提供“一图全面感知、一键可知全局、一体运行联动”的智能化管理服务能力。深圳积累了各类人口、法人、房屋、地理空间等公共基础信息约 230 亿条，通过与华为云共同举办深圳数据开放应用创新大赛，推动政府数据与社会数据融合应用，促进数据开放与应用，强化数据推演，为城市治理赋能。

4. 亚马逊云

亚马逊在 2006 年的时候推出了云计算服务——亚马逊云服务（Amazon Web Services，AWS）。AWS 在全球拥有数百万活跃客户和数万个合作伙伴，拥有强大且充满活力的生态系统。几乎所有行业和规模的客户（包括初创公司、企业和公共部门组织）都在 AWS 上运行可能使用的案例。

爱彼迎（Airbnb）起初用的不是亚马逊提供的云服务，因为原有的云服务提供商在服务管理上出现了问题，转而决定将几乎所有的云计算功能迁移到 AWS 上。在 AWS 的爱彼迎案例中，爱彼迎已为 191 个国家/地区的 2 亿多名客户提供服务，并且是 AWS 上最大的数据库消费者之一。

以上 3 个云服务提供商是国内外具有代表性的企业，它们提供的云计算产品不尽相同，阿里云、华为云和亚马逊云的云计算产品如图 1-1～图 1-3 所示。

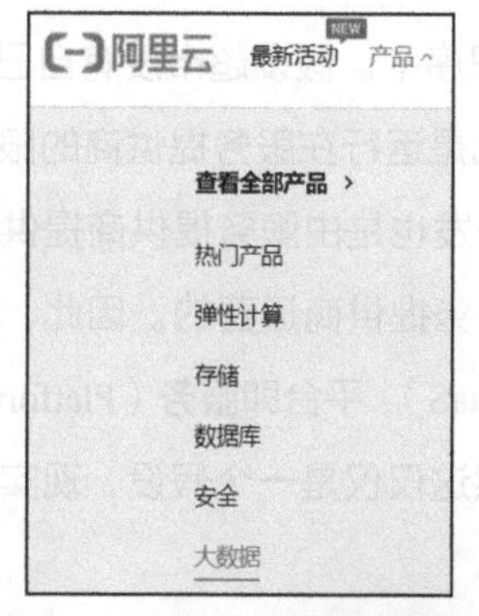

图 1-1　阿里云的云计算产品

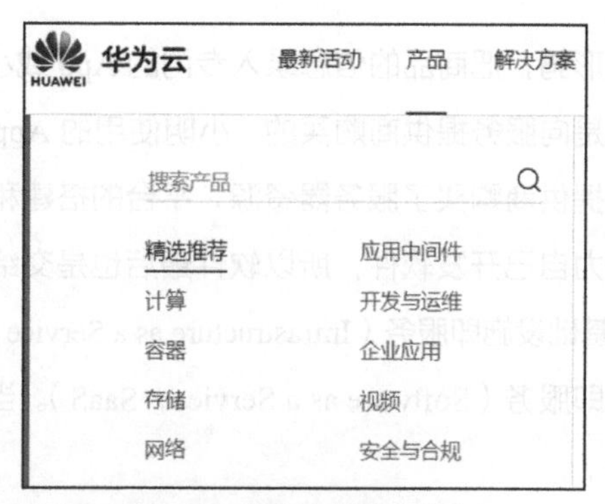

图 1-2　华为云的云计算产品

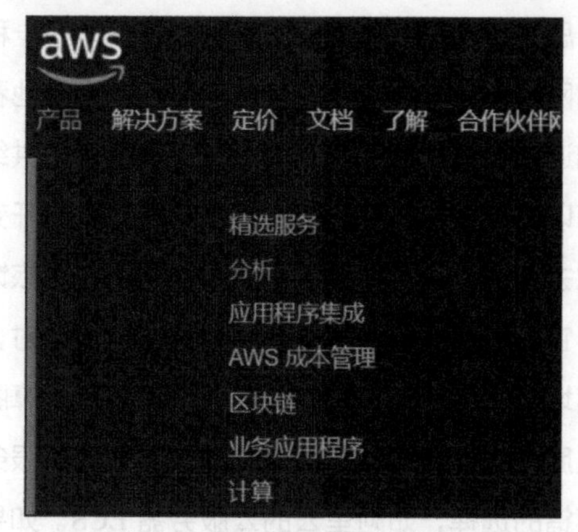

图 1-3　亚马逊云的云计算产品

从提供的云计算产品内容上看，他们除了各自个性化的产品，还提供了计算、数据库、容器等几个常见且常用的产品。其中，容器是本书的主要讲解内容，本书通过实际操作解释容器云的各种功能。

任务实施

假设小明正在某超市购物，他看到超市的入口处有自助结算的操作流程海报，并且海报中有二维码。他用手机扫描了二维码，根据指引下载了相关的 App 后开始购物。App 支持用户自行扫描商品条形码，并将其记录的商品名称、价格、数量等信息存放在购物车界面中。小明逐一扫描想购买的商品的条形码并手动输入商品数量，在购物结束之后，他直接点击 App 中的“立即支付”按钮，选择付款方式并输入支付密码，完成购物。在出口处，小明可以凭借 App 显示的支付成功的虚拟清单离开超市。小明购物的过程涉及手机商城、移动支付、支付验证等功能。通常小超市不会拥有自己的数据中心，其通过购买云服务提供商的解决方案可以节省下一笔不小的开支。

那么超市购买的解决方案包括哪些云服务呢？我们从小明的购物过程可以知道，小明用手机扫描商品的条形码，把商品的信息录入专门的 App 或小程序中。假设超市没有自己的研发团队，其全套系统都是向服务提供商购买的，小明使用的 App 就是运行在服务提供商的服务器上的，因此超市向服务提供商购买了服务器资源，平台的搭建和开发也是由服务提供商提供的，因为普通的超市没有能力自己开发软件，所以软件最后也是交给服务提供商运营的。因此，这个过程其实包含云计算的基础设施即服务（Infrastructure as a Service，IaaS）、平台即服务（Platform as a Service，PaaS）和软件即服务（Software as a Service，SaaS）。当然这仅仅是一个假设，现实的情况往往不是这么简单的。

1. IaaS

基础设施即服务，顾名思义，就是服务提供商将基础设施作为一种产品或服务提供给客户。基础设施包括计算、存储和网络等资源，可以把这些基础设施简单地看作现实生活中生活社区的基础设施，如汽车、住宅和道路。这些基础设施资源通过网络被提供给需要的客户，这样客户就只需要支付租借的成本，可以节省自己建设并维护全套基础设施的开支。

举个例子，当你离开家去外地游玩的时候，你预订的酒店或者旅馆就是一个基础设施。云计算中的基础设施就像酒店，它允许你随时租用和随时取消租用，同时，当你想增加或者减少某一基础设施的时候，可以灵活地增加或者减少相应的内容。这是云计算服务的一大特性。

当你想搭建自己的个人服务器，预算不足以支持你购买实体的服务器，这时候向云服务提供商购买服务器服务是一个不错的选择，如阿里云的云服务器 ECS。如果用户不了解服务器配置的问题，阿里云提供了一些产品规格供用户参考，分为阿里云 ECS 入门级和阿里云 ECS 企业级，分别如图 1-4、图 1-5 所示。入门级提供了一些调配好配置信息的产品，价格适宜，作为个人服务器不失为一个好选择。企业级产品分类就比较多了，不同的应用场景有不同的产品，用户还可以自己调整产品配置，相对的价格就比入门级的昂贵。

图 1-4　阿里云 ECS 入门级产品

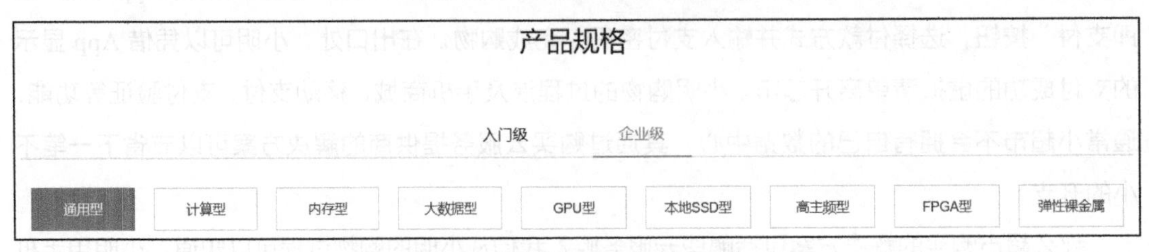

图 1-5　阿里云 ECS 企业级产品

2. PaaS

平台即服务，是基于基础设施实现的，这个平台可以是某一个场景或某一个业务的开发平台，如 Java 开发平台。云计算提供的平台服务的使用方法与自己在个人计算机上的使用方法没有太大的差别，使用云计算提供的平台服务或许更方便。在云计算提供的平台服务中，编写的代码会被平台自动完成编译和打包，用户只需要调用软件开发工具包（Software Development Kit，SDK）或应用程序接口（Application Program Interface，API）就可以使用平台，让用户把注意力更多地放在自己的业务代码上。

在 PaaS 发展过程中，出现了 Docker 和 Kubernetes 等容器技术。容器技术的不断成熟，使得开发者可以将业务代码打包到容器的镜像里，利用 Docker 或 Kubernetes 调度和管理对外的服务。因为容器技术使用便利等特性，容器技术在云计算中的地位越来越高。Docker 和 Kubernetes 如图 1-6、图 1-7 所示。

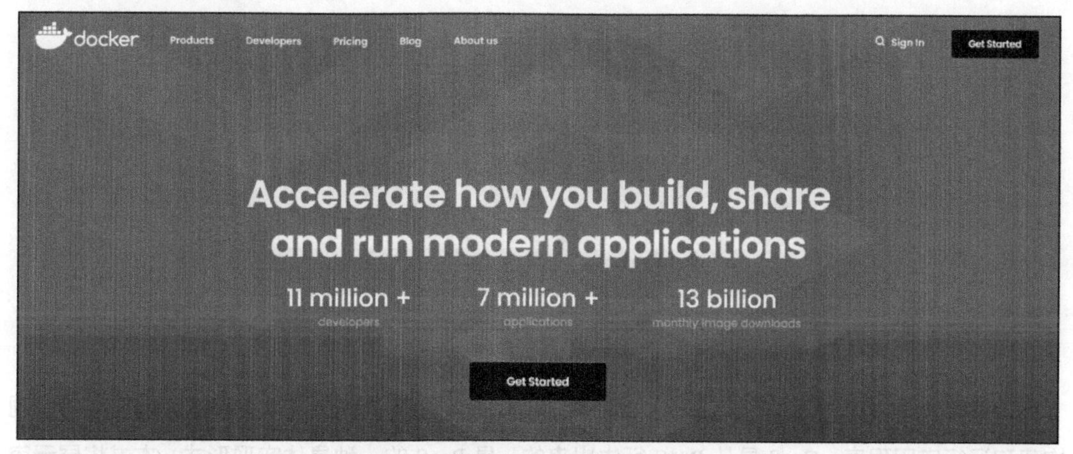

图1-6 Docker

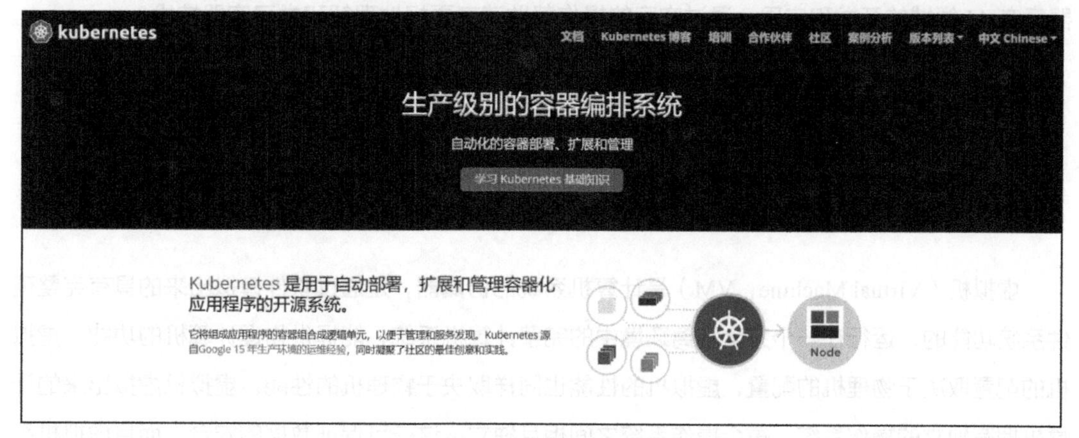

图1-7 Kubernetes

3. SaaS

软件即服务是这 3 种服务模式中最高级的，在命名上可以看出来，用户直接接触的是软件，即用户只负责使用软件，而不需要去了解它的底层实现方法。如一些在线使用的文字编辑器、电子表格编辑器等都是使用 SaaS 给用户提供软件应用服务的。软件即服务的出现会让更多轻量型的应用以云服务的形式呈现，桌面应用将会逐渐被取代。

除了这 3 种基本的服务类型，随着技术的进步，还出现了功能即服务（Function as a Service，FaaS）、容器即服务（Container as a Service，CaaS）等服务类型。FaaS 被人熟知的有 AWS 的 Lambda，如图 1-8 所示。在 AWS 关于 Lambda 的介绍中可以知道，Lambda 是一种无服务器的计算服务，可以直接在上面运行任何类型的应用程序或后端服务代码，甚至可以不用管理代码，只需要把代码压缩成 ZIP 格式或者以容器镜像的形式上传，Lambda 就会根据传入的请求，自动、精确地分配计算执行能力和运行代码。个人上传的代码可以设置成自动从 AWS 中触发或者自主在 Web 端或移动端调用。Lambda 函数的编写支持 Java、Go、Python 等语言，可以使用无服务器和容器工具构建、测试和部署 Lambda 函数。

图1-8　AWS Lambda

CaaS 是一种将容器当作服务的云计算服务类型，开发和运维人员可以在容器化的服务中共同构建和运行应用程序。CaaS 是从 PaaS 衍生出来的，是 PaaS 的一种具体实现形式。本书将展示容器云在 AI 领域的开发和应用，通过实际的操作帮助读者更好地理解和学习容器技术。

任务 1.2　认识云容器

工作任务

虚拟机（Virtual Machine，VM）是计算机系统的仿真器，是通过软件模拟出来的具有完整硬件系统功能的、运行在一个完全隔离环境中的完整计算机系统，能提供物理计算机的功能。虚拟机的配置取决于物理机的配置，虚拟机的性能也同样取决于物理机的性能。虚拟机虚拟出来的计算机拥有独立的操作系统，每个操作系统之间相互独立，这样可保证数据的安全，而且虚拟机系统内的应用、配置等也位于虚拟机内部。

容器则不同，容器虚拟的是操作系统，不会像虚拟机一样，连同底层设施也一同虚拟。虚拟操作系统的好处在于应用可以跨容器运行，因为不同容器都可以看作是同一个操作系统，因此不同应用在不同容器之间可以便捷地移植。

云容器是在 PaaS 基础上发展来的，是 PaaS 的一种具体实现形式，云容器的出现改变了过去开发人员和运维人员之间的关系。容器中具有代表性的有 Docker 和 Kubernetes，两者各有各的特点，本任务会对这两个容器技术进行介绍。

相关知识

在 IBM Developer 中，对于容器的描述是“A container is a unit of deployable software that provides isolation at the process level. Each application, together with its environment, can run in an isolated environment. Containers expose a different environment to each of the services. You can automate the deployment, scaling, and management of containerized applications.”意思是容器是一个可部署的软件单元，提供了进程级别的隔离。每个应用，包括它运行所需的环境，都可以在隔离的环境中运行。容器会根据不同的应用开放不同的环境。用户可以进行自动化部署、扩展和管理容器化应用。

形象地说，容器就像一个大柜子，柜子里的每一个抽屉都是一个隔离的环境，当一个容器化的应用部署到容器中，相当于在抽屉里放入这个应用，隔离运行。容器化应用就如 IBM Developer 中的描述，会连同应用的运行环境一起打包。同一个应用在柜子的任何一个抽屉中，都是可以正常运行的。

任务实施

1. Docker

Docker 是由 PaaS 提供商 dotCloud 开发的，起初是为了方便创建和管理 Linux 上的容器而开发的一款工具。之后 dotCloud 将公司名称更改为 Docker，然后开始向全世界推广 Docker 和容器技术，后来这项技术也被命名为 Docker。

Docker 是管理 Linux 容器的工具，所以运行在 Linux 上，但也可以运行在 Windows 系统上。Docker 引擎隶属于 Moby 开源项目，是 Moby 开源项目中的一部分。

技术人员在谈论 Docker 时，通常指的是 Docker 引擎。Docker 引擎是一个基础设施工具，它的作用是运行和编排容器，企业采用的 Docker 技术指的就是围绕 Docker 引擎开发的产品。在 Docker 官方网站可以下载 Docker 引擎，Docker 引擎如图 1-9 所示，引擎支持 Linux 系统、Windows 系统和 Mac 系统（macOS）。

Docker 引擎有着详细的划分方式，有 3 种部署平台，分别是云端、桌面和服务器。云端引擎有两个，都是社区版本，分别可以运行在 AWS 和 Azure 平台上，不过云端的引擎只支持 Linux，不支持其他操作系统。云端 Docker 引擎如图 1-10 所示。

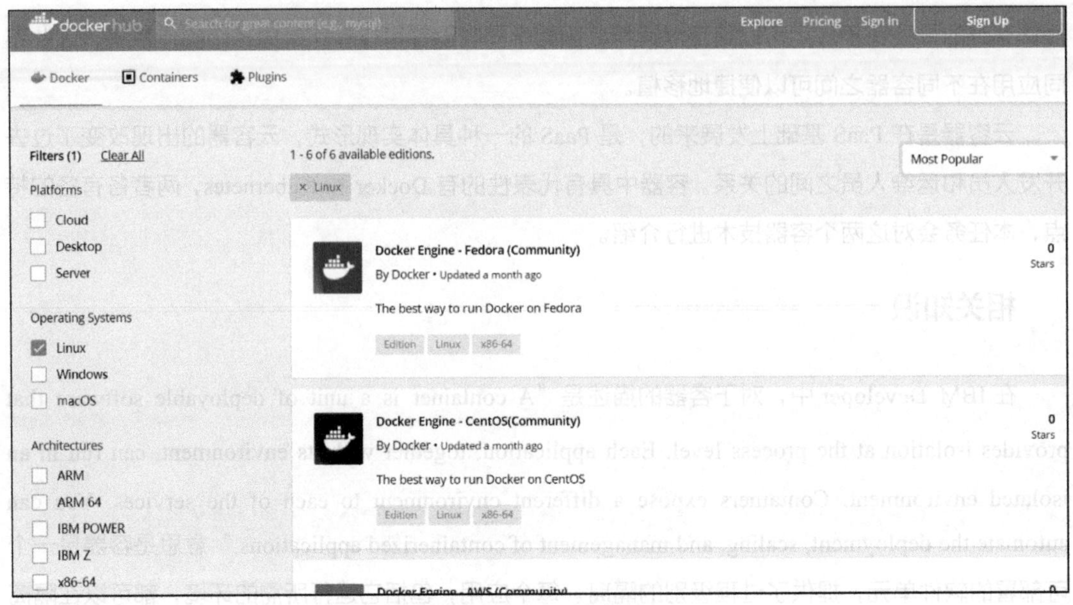

图 1-9　Docker 引擎

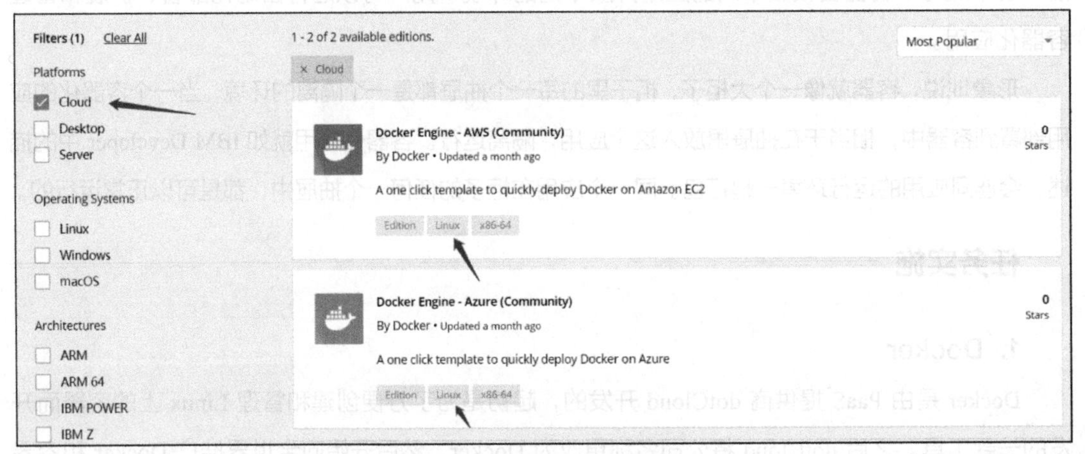

图 1-10　云端 Docker 引擎

桌面类型的 Docker 引擎只支持 Windows 系统和 Mac 系统。Windows 版和 Mac 版的 Docker 引擎有一个细小的差异，在于处理器的类型，Mac 版的引擎支持 ARM 和 Intel x86 两种类型的处理器，Windows 版的则只支持 Intel x86 处理器，这个细小的差别主要跟苹果计算机使用的处理器有关。桌面 Docker 引擎如图 1-11 所示。

服务器类型的 Docker 引擎支持 4 种操作系统，如图 1-12 所示，分别是 Fedora、CentOS、Ubuntu 和 Debian。这些系统都是 Linux 系统，Docker 引擎根据这些 Linux 系统都做了差异化的适配，以适配不同的 Linux 操作系统。

Docker 引擎部署支持多种操作系统和处理器类型，用户可以根据自己的操作系统类型、处理器类型选择不同平台的引擎安装部署，也可以直接在云端尝试使用 Docker 引擎。

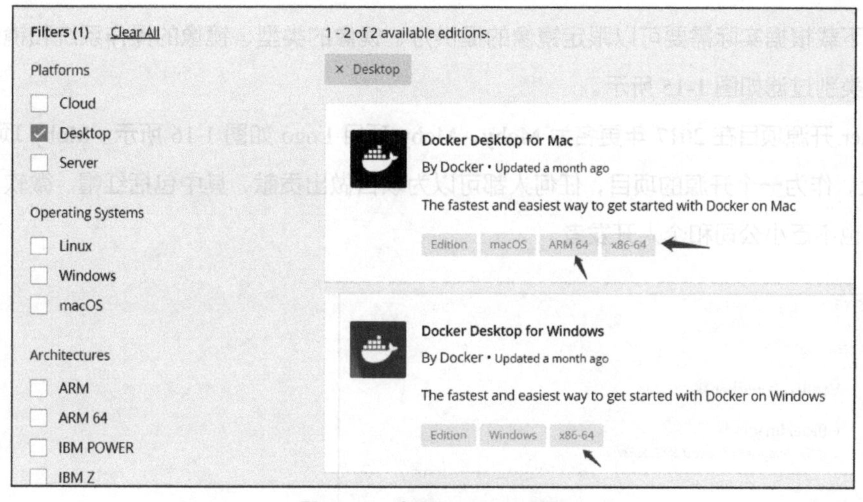

图 1-11　桌面 Docker 引擎

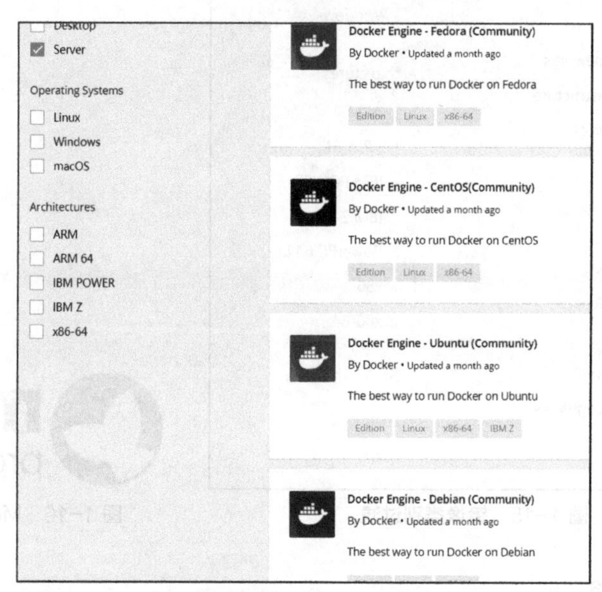

图 1-12　服务器类型的 Docker 引擎支持 4 种操作系统

Docker 引擎下载选项右侧的容器下载页面如图 1-13 所示，在这个页面里，用户可以下载 Docker 官方提供的镜像文件和开发者发布的镜像文件。截至 2021 年 5 月 24 日，Docker 总共有 7371845 个官方和开发者提供的镜像，镜像提供者如图 1-14 所示。

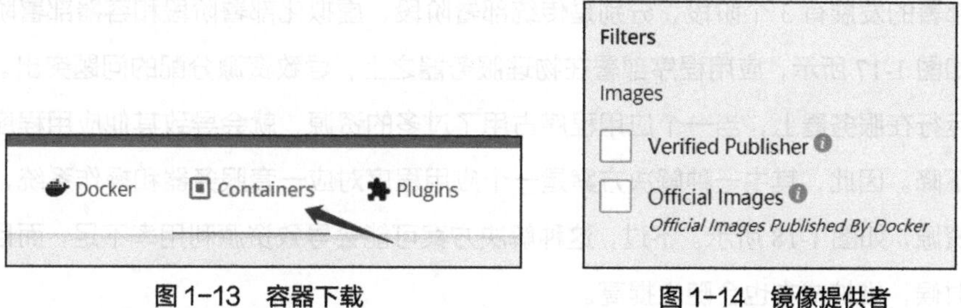

图 1-13　容器下载　　　　图 1-14　镜像提供者

镜像下载根据实际需要可以限定镜像的提供方、镜像的类型、镜像的操作系统和镜像的处理器。镜像类别过滤如图 1-15 所示。

Docker 开源项目在 2017 年更名为 Moby，Moby 项目 Logo 如图 1-16 所示。Moby 项目托管在 GitHub 上，作为一个开源的项目，任何人都可以为项目做出贡献，其中包括红帽、微软、IBM 等大公司，也不乏小公司和个人开发者。

Filters
Images
Verified Publisher
Official Images
Official Images Published By Docker
Categories
Analytics
Application Frameworks
Application Infrastructure
Application Services
Base Images
Databases
DevOps Tools
Featured Images
Messaging Services
Monitoring
Operating Systems
Programming Languages
Security
Storage
Operating Systems
Linux
Windows
Architectures
ARM
ARM 64
IBM POWER
IBM Z
PowerPC 64 LE
x86
x86-64

图 1-15　镜像类别过滤

图 1-16　Moby 项目 Logo

2. Kubernetes

Kubernetes，简称 k8s，是谷歌公司的开源项目，用于管理容器化的工作负载和服务。Kubernetes 的一大特点在于它可以自主地管理容器，比如开发者想让某一种服务保持持续运行的状态，这时候 Kubernetes 就可以完成人工监管的工作，帮助开发者持续监控服务，保证服务能够持续运转。

应用部署的发展有 3 个阶段，分别是传统部署阶段、虚拟化部署阶段和容器部署阶段。传统部署阶段如图 1-17 所示，应用程序部署在物理服务器之上，导致资源分配的问题突出。如果多个应用程序运行在服务器上，当一个应用程序占用了过多的资源，就会导致其他应用程序得不到资源而性能下降。因此，其中一种解决方案是一个应用程序对应一套服务器和操作系统，应用程序单独占用资源，如图 1-18 所示。不过，这种解决方案可能会导致资源利用率不足，而且当应用程序过多的时候，维护成本也会随之提高。

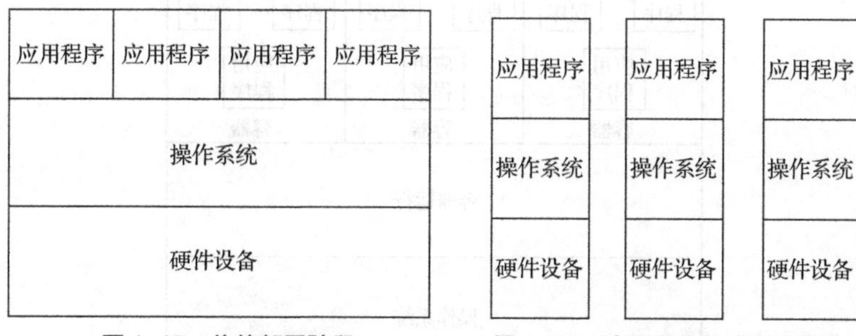

图 1-17　传统部署阶段　　　图 1-18　应用程序单独占用资源

虚拟化技术的出现让应用程序的部署进入虚拟化部署阶段。虚拟化部署阶段如图 1-19 所示，解决了硬件资源利用率的问题，通过虚拟化技术把一台物理服务器虚拟成多个虚拟的服务器，即在一个中央处理器（Central Processing Unit，CPU）上运行多个虚拟机。虚拟化技术在更好地利用服务器资源的基础上，还可以在物理硬件允许的条件下自由、有弹性地添加新应用程序。虚拟化技术的另一个好处在于可以隔离不同的虚拟机，运行在不同虚拟机上的应用程序产生的信息不会被另一台虚拟机的应用程序获取，在安全性上有不错的表现。

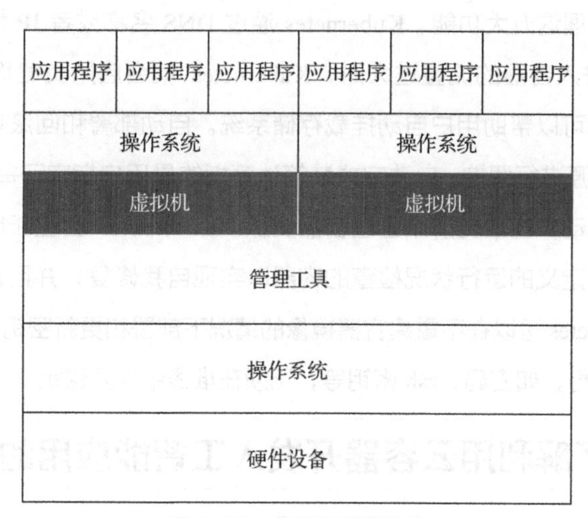

图 1-19　虚拟化部署阶段

虚拟机就是虚拟出一台服务器，其所有的内容都跟物理服务器相似，是一台完整的计算机，有自己的操作系统，也可以在虚拟机上部署多个应用程序，在资源的配置调度上，虚拟机比物理机灵活许多。

随着 PaaS 的发展，出现了容器技术，容器技术给应用部署提供了新的选择。容器化部署阶段如图 1-20 所示。容器跟虚拟机相似，容器之间也有隔离，但是容器化跟虚拟机之间的差异在于，每一台虚拟机都有自己的操作系统，而所有的容器是共享同一个操作系统的，容器的轻量级由此而来。容器所具有的文件系统、内存、CPU 等都和虚拟机相同。

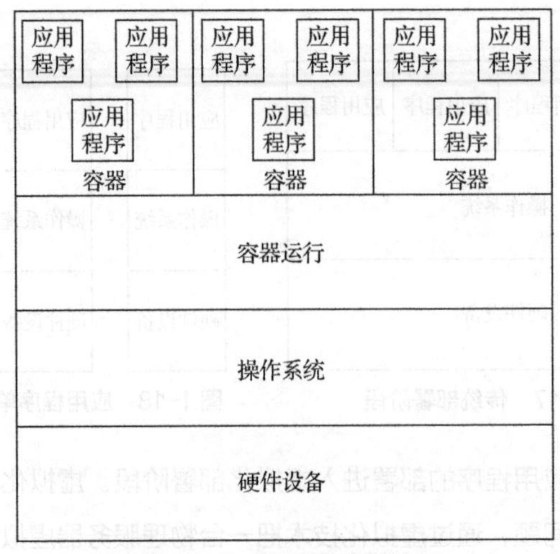

图 1-20 容器化部署阶段

容器云具有许多优势，如应用程序与基础架构的分离、跨云和操作系统的可移植性、资源隔离和高效的资源利用等。

Kubernetes 提供服务发现和负载均衡、存储编排、自动部署和回滚、自动完成装箱计算、自我修复和密钥与配置管理这五大功能。Kubernetes 通过 DNS 名称或者 IP 地址公开容器，实现服务发现，如果识别到进入容器的流量过大时，Kubernetes 就会启用负载均衡，分配网络流量。Kubernetes 的存储编排可以帮助用户自动挂载存储系统。自动部署和回滚功能支持自动化部署新容器，可以灵活地对资源进行调控。自动完成装箱计算指的是用户指定了每个容器需要的 CPU 和内存，Kubernetes 会自动做出最优解来管理容器资源。Kubernetes 会重新启动失败的容器、替换容器、终止不响应用户定义的运行状况检查的容器以实现自我修复，并且在准备好服务之前不会通报给客户端。Kubernetes 可以在不重建容器镜像的情况下部署和更新密钥与应用程序的配置，且支持存储和管理敏感信息，如密码、ssh 密钥等，无须在堆栈中暴露密钥。

任务 1.3 了解利用云容器开发人工智能应用的优势

工作任务

人工智能应用在当下的社会生活中随处可见，与大多数人日常息息相关的应用有购物、视频、外卖点餐等。购物类和视频类的智能表现十分明显，它们会根据用户的使用习惯预测推送的内容，用户可以很直观地感受到，应用推送的内容符合自己的浏览习惯。

了解了云计算和云容器的相关知识，知道了云计算的 3 种服务类型 IaaS、PaaS 和 SaaS，也知道了两种常见的容器技术 Docker 和 Kubernetes 之后，本任务介绍利用云容器开发人工智能应用的优势。

相关知识

人工智能是计算机科学的一个分支学科，从名称上可以知道，它指的是通过人类的努力让机器拥有像人一样的智能。在人工智能领域有机器人、图像识别、语音识别、自然语言处理等研究方向，每个研究方向都对现在普通人的日常生活甚至国家的综合实力有一定程度的影响。人工智能涉及的知识面广，是典型的跨学科领域，除了计算机的知识，还需要考虑哲学、心理等范畴的学问。本任务简要介绍两个在生活中和人工智能领域里比较热门的方向：NLP 和 CV。

1. NLP

自然语言处理（Natural Language Processing，NLP）是人工智能领域的一大方向，它主要研究人与计算机之间用自然语言进行有效沟通的理论和方法。所谓自然语言，就是人类使用的语言，如汉语、英语、日语、俄语等人类发明的语言。

自然语言处理涉及语言学、计算机科学和数学领域的知识，自然语言处理的研究与一般的语言学研究有所区别，自然语言处理研究的内容是如何让计算机系统有效地实现自然语言通信。自然语言系统在跨国交流中主要体现在机器翻译，通过让机器学习不断发展，使不同语言之间的翻译更加精确，更加符合语境语义。

以腾讯人工智能实验室的自然语言研究处理为例，他们在自然语言处理上的目标是赋予计算机系统以自然语言文本方式与外界交互的能力，追踪和研究最前沿的自然语言文本理解和生成技术，孵化下一代自然语言处理技术与商业应用场景。腾讯人工智能实验室自然语言研究处理的技术方向主要有 4 个：文本理解、文本生成、智能对话和机器翻译。腾讯人工智能实验室如图 1-21 所示。

图 1-21　腾讯人工智能实验室

使用者可以通过腾讯官方提供的文本理解例子（如图 1-22 所示）来了解自然语言处理具体可以做哪些事情。

图 1-22　文本理解例子

该“文本理解”可以解析文本框中的随机例子。单击“随机例子”图标，在文本框内生成随机例子之后，单击“解析”按钮，对文本进行解析，文本解析结果如图 1-23 所示。

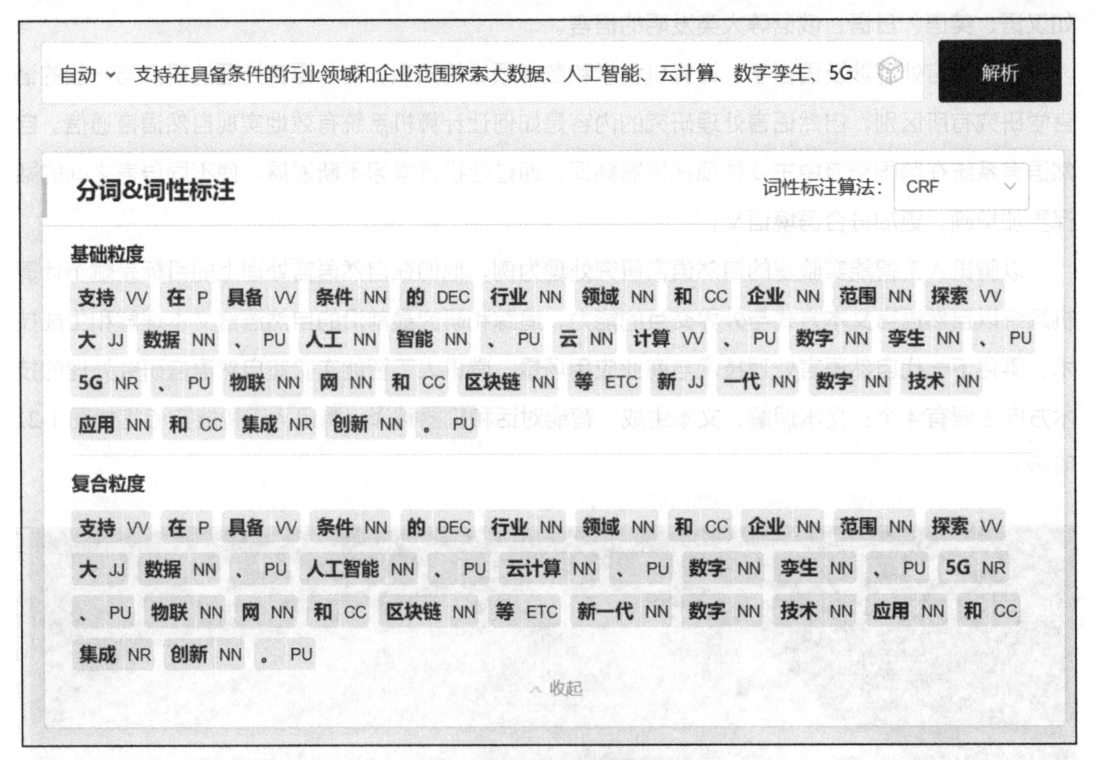

图 1-23　文本解析结果

文本的解析结果很详细，包括分词和词性标注、命名实体识别、文本分类、句法分析和语义角色标注。本任务不详细讨论分析结果，若读者感兴趣，可以前往上文提及的页面自行尝试。

2. CV

计算机视觉（Computer Vision，CV）研究的是让计算机“看”东西，而且不仅是“看”，还需要“看懂”。计算机视觉模拟的是人看到并理解事物的能力，通过让 CPU、图形处理单元（Graphis Processing Unit，GPU）等芯片充当大脑，摄像头充当眼睛，实现从“看”到理解的过程。

在计算机视觉中，也有分支研究方向，如图像处理、模式识别、图像理解等。图像处理就是将图像交给计算机，让计算机输出一幅使用者所期望的图像。图像处理十分常见的应用就是手机里的美颜相机。美颜相机通过修改拍照者的照片以达到拍摄者的要求，这些处理通常包括磨皮、人脸贴图、改变脸部轮廓等，可以让软件在拍摄时就处理好图像，呈现给使用者。

模式识别是从图像中抽取统计特征或者结构信息，比如文字识别和指纹识别都属于模式识别。

图像理解则比较复杂，给定一幅图像，计算机除了要描述图像本身，还得解释图像所代表的景物，为计算机做决定提供参考。无人驾驶的道路实时建模，就应用了图像理解，加上雷达扫描的数据，综合这些信息反馈给云端计算机，云端计算机在综合研判之后给出反馈，指导汽车行驶。

腾讯优图如图 1-24 所示，它是腾讯旗下的机器学习研发团队，专注于图像处理、模式识别、深度学习。腾讯优图的 AI 开放平台中，可以体验到多种多样的关于计算机视觉的技术，大类包括文字识别、人脸识别、人体识别、人脸特效和图像识别，每个大类下有多个小类。其核心技术如图 1-25 所示。

图 1-24　腾讯优图

图 1-25　核心技术

以人脸识别为例，腾讯优图提供的人脸识别技术体验如图 1-26 所示，包括人脸检测与分析、人脸搜索、人脸比对等。本任务向读者展示的是人脸识别中的人脸检测与分析，其余的技术读者可以到腾讯优图的 AI 开放平台自行体验。

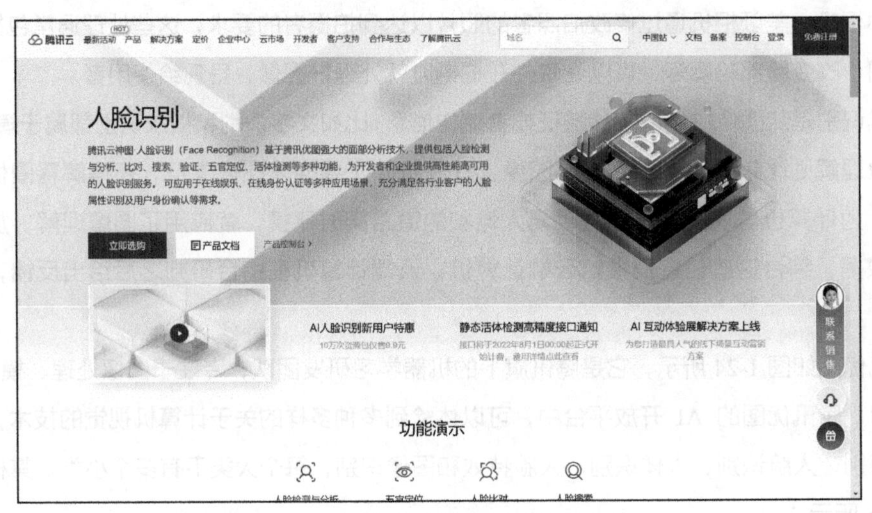

图 1-26　腾讯优图提供的人脸识别技术体验

人脸检测与分析的功能是对于任意一幅给定的图像，采用智能策略对其进行搜索以确定是否含有人脸，如果是，则返回人脸的位置、大小和属性分析结果。当前支持的人脸属性有性别、表情（中性、微笑、大笑）、年龄（误差小于 5 岁）、是否佩戴眼镜（普通眼镜、墨镜）、是否佩戴帽子、是否佩戴口罩。

选择“人脸检测与分析”选项，如图 1-26 所示，在下方的技术体验中心中（如图 1-27 所示），体验者可以选择左侧图片界面提供的图片，在右侧的检测结果窗口看到最终的检测结果。在图 1-27 所示的界面左侧可以看到在图片中检测出了 4 个人脸，选择不同的人脸就会出现对应人脸的属性。单个人脸属性如图 1-28 所示。

图 1-27　选择“人脸检测与分析体验”选项

图 1-28 单个人脸属性

3. 用云容器开发人工智能应用的优势

人工智能应用的部署，与传统应用的部署在本质上没有太大的差异，都需要依赖设备的性能。传统的部署方案需要根据实际的设备性能条件、场地、开销等限制，控制应用部署的规模。云计算的出现解决了这些问题，因而可以在资金允许的情况下部署大型应用。

容器跟云的结合，可进一步解决应用移植、更新迭代的问题，在云计算还没有应用容器技术时，应用产品的迭代跟采用传统部署方式的应用一样，人力、物力消耗巨大。应用容器技术的云服务，结合了容器的优势与云计算的特点，能让应用的部署更便捷高效，更具灵活性。

任务实施

云计算与人工智能的结合可以说是情理之中的事，简单的计算可以在个人计算机上实现；当计算复杂时，个人计算机就无法完成，或者要付出时间成本。这一点可以利用云计算的优势弥补。

云计算中的一些关键技术，如异构资源管理、虚拟化、安全与高可用，是促成云计算与人工智能相结合的因素。开源云、开源软件、虚拟化软件等技术的出现，让企业的选择不再单一，技术与技术、方案与方案之间的融合往往会产生比单一使用某种技术或解决方案更高的效益。企业在发展的过程中可采用不同的解决方案，形成异构资源池。

云计算中的异构资源，指的是异构计算资源，在 Cloud2.0 时代中，以往的通用计算资源无法满足需要超强算力的应用，因此需要由如 FPGA、GPU、TPU 等基础设施构成的计算资源池提供算力。

数据中心里有多种虚拟化软件，这些软件对用户是不可见的，用户在使用产品的时候并不会直接感受到多种虚拟化软件的存在。这些异构的资源需要通过 IaaS 进行适当调控，适配各种虚拟化接口。不同虚拟化软件的适配接口会被抽象成统一接口，管理资源的时候只需要明确被管资源所属的虚拟化类型，然后调用相应的接口完成管理操作。

虚拟化是云计算的基础，数据虚拟化、存储虚拟化、网络虚拟化都是虚拟化的产物。虚拟化就是指利用软件将现实存在的单一资源虚拟成多份，使之达到最大利用率。云计算中的资源隔离、安全访问、网络自定义等功能都是通过软件虚拟化实现的。

云计算中的资源调度对于提高人工智能中各种技术的运算速度也有不小的贡献。云资源的调度是非确定性多项式（Non-deterministic Polynomial，NP）问题，即能够在多项式时间内验证得出一个正确解的问题。资源调度需要考虑如机房、硬件、网络、应用、用户等因素，调度的能力直接影响资源利用率和系统稳定性。在服务器数量级超过百万规模时，CPU 的运行效率提高 1%，整体的效率将会得到巨大提升。

在公有云环境中，数据和业务安全是一个绕不开的话题，保障数据的安全显得十分重要。当系统有漏洞或者突发安全事故时，如何降低损害程度和如何将受害风险降低都是云计算面临的问题。在数据安全方面，云计算提供了计算虚拟化、网络虚拟化和存储虚拟化隔离，还有用户权限认证和授权管理等方式，把控潜在威胁。

数据的高可用通过多副本完成，多副本可以是一个数据中心内的，也可以是跨数据中心之间的多副本备份。弹性负载均衡和纠错码分发流量可以提高服务的高可用性，让数据可以随时被访问。

为什么人工智能会选择云计算？云计算的出现给资源的使用方式提供了新的方案，可以不再局限于自己建立和维护硬件设备。云计算的高灵活度还可以提升资源利用率，在闲暇的时候可以减少资源分配，在高峰时期可以增加资源分配。使用云服务最明显的好处之一在于节省成本，如果想要搭建高规格的人工智能服务器，前期的投入成本将会非常高昂；如果利用云服务，首先减少的就是机房建设和维护的成本，只需要少量的人员即可。按需付费还可以在不需要太多资源的时期降低计算机性能，以减少支出。

云容器的出现进一步提升了云服务的管理能力。阿里云推出的多种人工智能解决方案如图 1-29 所示，其中有不少用到了容器技术（如弹性裸金属 AI 训练、GPU AI 模型训练、RAPIDS 加速图像搜索等），即阿里云容器服务 Kubernetes 版（Alibaba Cloud Container Service for Kubernetes，ACK）。

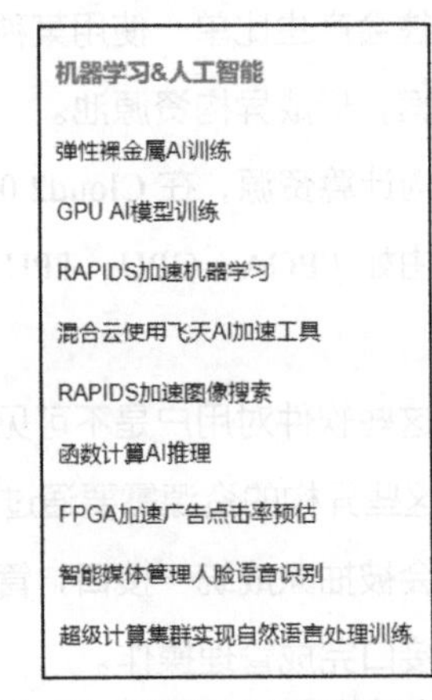

图 1-29　阿里云人工智能解决方案

项目小结

本项目介绍了云计算、容器和人工智能的一些基础知识和应用，通过简单的知识讲解结合实际的案例应用，读者可以直观地感受到人工智能与云计算的魅力。云计算部分介绍了基本的服务类型，有 IaaS、PaaS 和 SaaS；云容器部分介绍了 Docker 和 Kubernetes 两种容器技术，最后介绍了人工智能的相关知识以及现有的云容器与人工智能结合的案例。本项目作为简单的入门介绍，涉及的专业知识并不多，读者若有兴趣，可以自行查阅相关资料加强学习。

思考与训练

1. 选择题

（1）下列（　　）服务不属于云计算服务。

A. PaaS　　B. LaaS　　C. SaaS　　D. IaaS

（2）以下（　　）公司不提供云服务。

A. 华为　　B. 阿里巴巴　　C. 三星　　D. 亚马逊

（3）Docker 引擎支持（　　）操作系统。

A. Windows　　B. Ubuntu　　C. CentOS　　D. macOS

（4）Kubernetes 提供（　　）功能。

A. 服务和发现　　B. 存储编排　　C. 邮件服务　　D. 自我修复

（5）以下现实生活中的应用（　　）使用了图像识别功能。

A. 百度图片搜索　　B. 手机人脸解锁　　C. 相机美颜　　D. 无人驾驶

2. 判断题

（1）云容器与云服务的概念相同。（　　）

（2）Docker 引擎属于 Moby 开源项目中的一部分。（　　）

（3）与虚拟机不同，容器里可以没有操作系统。（　　）

（4）图像识别和自然语言处理都属于人工智能，所以它们使用的技术是一样的。（　　）

3. 思考题

（1）人工智能与云容器的融合能够给未来的应用带来什么变化？

（2）是不是任何情况下 Docker 和 Kubernetes 都可以相互替代？

（3）如果没有云计算，人工智能技术的发展与现在会有什么不同？

项目2 Ubuntu操作系统的部署

 问题引入

在学习了项目 1 的内容后，大家已经知道了云计算有哪些服务类型和国内外的一些知名云服务提供商，还有一些有关容器的基础知识。那么我们可不可以在自己的计算机上搭建一个云平台系统进行一些开发操作呢？答案当然是可以。想要进行人工智能应用的云平台部署与开发，必定需要一个媒介平台，本书采用的是 Ubuntu 系统来进行云平台的部署与开发。

本项目首先简单介绍 Linux 的由来以及一些常用的发行版本，之后重点介绍以桌面应用为主的 Ubuntu 系统，最后详细介绍 Ubuntu 20.04 LTS 的安装与使用。

 知识目标

1. 了解 Linux
2. 了解 Ubuntu 操作系统

技能目标

1. 掌握虚拟化软件（VMware Workstation Pro）安装
2. 掌握新建虚拟机
3. 掌握 Ubuntu 系统安装

项目 2 Ubuntu 操作系统的部署

思路指导

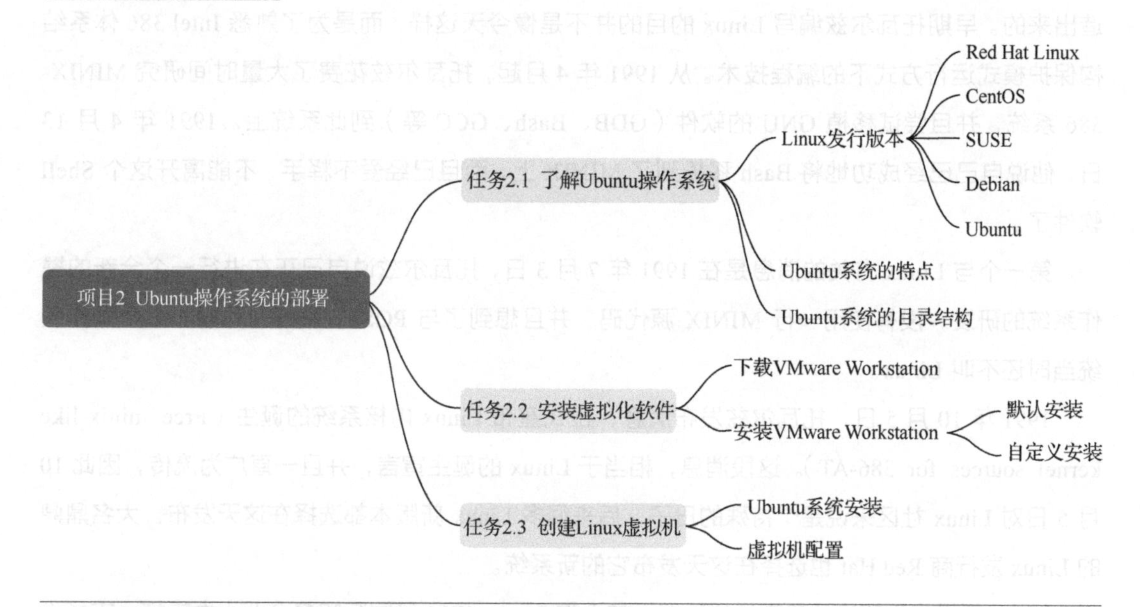

任务 2.1 了解 Ubuntu 操作系统

工作任务

读者在家和学校使用较多的可能是 Windows 系统，Windows 系统是微软公司开发的操作系统。本任务运行的 Linux 系统，是在 Windows 系统之上虚拟出来的。除了 Windows，使用 Mac 办公的人也不在少数，Mac 使用的操作系统是由苹果公司开发的 macOS。macOS 有它独特的优势，读者可以在课外深入了解。

本任务介绍 Linux 的发行版本、Ubuntu 系统的特点和目录结构。学习了这些内容，读者可以对比 Windows、Linux 和 macOS 这 3 个操作系统的区别，书本上的知识是基础，要想深入地学习，读者可以自己去查阅相关知识提升自己。

相关知识

1. Linux 简介

Linux，全称 GNU/Linux，是一种可免费使用和自由传播的类 UNIX 操作系统，是一个基于 POSIX 的多用户、多任务，支持多线程和多 CPU 的操作系统。Linux 继承了 UNIX 以网络为核心的设计思想，是一种性能稳定的多用户网络操作系统。它能运行主要的 UNIX 工具软件、应用程序和网络协议，支持 32 位和 64 位硬件。

2. Linux的由来

Linux操作系统是莱纳斯·贝内迪克特·托瓦尔兹（Linus Benedict Torvalds）在1991年创造出来的。早期托瓦尔兹编写Linux的目的并不是像今天这样，而是为了熟悉Intel 386体系结构保护模式运行方式下的编程技术。从1991年4月起，托瓦尔兹花费了大量时间研究MINIX-386系统，并且尝试移植GNU的软件（GDB、Bash、GCC等）到此系统上。1991年4月13日，他说自己已经成功地将Bash移植到了MINIX上，而且已经爱不释手、不能离开这个Shell软件了。

第一个与Linux有关的消息是在1991年7月3日，托瓦尔兹说自己正在进行一个全新的操作系统的研发，没有使用一行MINIX源代码，并且想到了与POSIX兼容的问题。这个操作系统当时还不叫Linux。

1991年10月5日，托瓦尔兹发布消息，正式宣布Linux内核系统的诞生（Free minix-like kernel sources for 386-AT）。这段消息，相当于Linux的诞生宣言，并且一直广为流传，因此10月5日对Linux社区来说是个特殊的日子，后来很多Linux新版本都选择在这天发布。大名鼎鼎的Linux发行商Red Hat也选择在这天发布它的新系统。

Linux凭借优秀的设计和不凡的性能，加上被Intel、IBM等国际知名企业大力支持，市场份额逐步扩大，逐渐成为主流操作系统之一。下面简单介绍较为常用的Linux发行版。

3. Linux发行版

（1）Red Hat Linux

Red Hat Linux的图标如图2-1所示，是商业上运作很成功的Linux发行版之一，普及程度很高，由Red Hat公司发行。其使用的RPM软件包格式可以说是Linux社区的一个事实标准，被广泛使用于其他Linux发行套件中。以Red Hat Linux为基础派生的Linux发行套件有很多，其中包括以桌面用户为目标的Mandrake Linux（原为包含KDE的Red Hat Linux）、Yellow Dog Linux（开始时为支持PowerPC的Red Hat Linux）和ASPLinux（对非拉丁语言有较好支持的Red Hat Linux）。

Red Hat Linux有一个图形化的安装程序Anaconda，目的是令新手更容易使用。系统运行后，用户可以从Web站点和Red Hat那里得到技术支持，Red Hat Linux是一个符合大众需求的最优版本之一，在服务器和桌面系统中它都工作得很好。

图2-1 Red Hat Linux的图标

（2）CentOS

CentOS的图标如图2-2所示，发行版是一个稳定的、可预测的、可管理的、可复制的平台，来源于Red Hat Enterprise Linux（RHEL）。自2004年3月以来，CentOS一直是一个社区支持的发行版，它来源于 Red Hat 免费提供给公众的源代码。因此，CentOS 的目标是在功能上与 RHEL 兼容。CentOS 是免费重新发布的。

图 2-2 CentOS 的图标

CentOS 是由一个小型但不断壮大的核心开发团队开发的。反过来，核心开发人员由活跃的用户社区支持，包括系统管理员、网络管理员、管理人员、核心 Linux 贡献者和来自世界各地的 Linux 爱好者。

（3）SUSE

SUSE 的图标如图 2-3 所示，是 Linux 操作系统中的一个发行版。SUSE 属于 Novell 旗下的业务，亦是 Desktop Linux Consortium 的发起成员之一。SUSE 包含一个安装及系统管理工具 YaST2。SUSE 能够支持磁盘分割、系统安装、在线更新、网络及防火墙组态设定、用户管理和其他更多的工作。它为原来复杂的设定工作提供了方便的组合界面。

图 2-3 SUSE 的图标

SUSE 也收录了 Linux 下的多个桌面环境，如 KDE 和 GNOME 及一些窗口管理器，包括 WindowMaker、Blackbox 等。YaST2 安装程序也会让使用者选择使用 GNOME、KDE 或者不安装图形界面。SUSE 为使用者提供了一系列多媒体程序，如 K3b（CD/DVD 烧录）、AmaroK（音乐播放器）和 Kaffeine（影片播放器）。它也收录了 Apache OpenOffice（开源办公软件套件），以及其他文字阅读/处理软件，如 PDF 格式文件阅读软件等。

（4）Debian

Debian 的图标如图 2-4 所示，是完全由自由软件组成的类 UNIX 操作系统，其包含的多数软件使用 GNU 通用公共许可协议授权，并由 Debian 计划的参与者组成团队对其进行打包、开发与维护。

图 2-4 Debian 的图标

Debian 是一个自由的操作系统，以供用户安装在计算机上使用。操作系统就是能让计算机工作的一系列基本程序和实用工具。Debian 不只是提供一个纯粹的操作系统，它还附带了超过 51000 个软件包，这些预先编译好的软件被打包成一种良好的格式以便于在计算机上安装。

作为最早的 Linux 发行版之一，Debian 在创建之初便被定位为在 GNU 计划的精神指导下进行公开开发并自由发布的项目。该决定吸引了自由软件基金会的注意与支持，他们为该项目提供从 1994 年 11 月至 1995 年 11 月为期一年的赞助。赞助终止后，Debian 创立非营利机构 Software in the Public Interest 对 Debian 提供支持并令其持有 Debian 商标作为保护机构。Debian 也接受国际多个非营利组织的资金支持。

（5）Ubuntu

Ubuntu 的图标如图 2-5 所示，Ubuntu 是以桌面应用为主的 Linux 发行版，也用于服务器操作系统，由 Canonical 公司发布并提供商业支持。它基于自由软件，其名称来自非洲南部祖鲁语或科萨语的“ubuntu”（译为乌班图）一词。

图 2-5　Ubuntu 的图标

Ubuntu 的开发由英国 Canonical 公司主导，该公司由南非企业家马克·沙特尔沃思（Mark Shuttleworth）创立。Canonical 通过销售与 Ubuntu 相关的技术支持和其他服务来获得收益。Ubuntu 项目公开承诺开源软件开发的原则，鼓励人们使用自由软件，研究它的运作原理，改进和分发。Ubuntu 是著名的 Linux 发行版之一，它也是用户非常多的 Linux 版本，用户数超过 10 亿（含服务器、手机与其分支版本）。随着云计算的流行，Ubuntu 推出了一个云计算环境搭建的解决方案，用户可以在官方网站找到相关信息。

Ubuntu 拥有良好的图形安装及操作界面，在双系统或虚拟机上运行都十分稳定，除了有成熟的英文网站提供技术支持，还有多个 Ubuntu 中文社区提供相应的技术支持。本章就是基于这一操作系统进行操作的。

任务实施

考虑到系统的稳定性，Ubuntu 的开发者与 GNOME 和 Debian 开源社区合作，提供了只使用自由软件的操作系统。2004 年 10 月 20 日发布了首个 Ubuntu 4.10 版本，它的桌面环境采用了当时 GNOME 的最新版，并与 GNOME 项目同步发布。Ubuntu 基本上每 6 个月就会发布一个新的版本。

Ubuntu 中，每个版本都有一个具有特色的名字，这个名字由一个形容词和一个动物名称组成，并且形容词和名词的首字母都是一致的。从 D 版本开始又增加了一个规则，首字母要顺延上个版本，如果当前版本是 D，下个版本就要以 E 来开头，如表 2-1 所示。

表 2-1　Ubuntu 各版本代号

版本号	代号	发布时间
4.10	Warty Warthog	2004 年 10 月 20 日
5.04	Hoary Hedgehog	2005 年 4 月 8 日
5.10	Breezy Badger	2005 年 10 月 13 日
6.06(LTS)	Dapper Drake	2006 年 6 月 1 日
6.10	Edgy Eft	2006 年 10 月 26 日
7.04	Feisty Fawn	2007 年 4 月 19 日
7.10	Gutsy Gibbon	2007 年 10 月 18 日
8.04(LTS)	Hardy Heron	2008 年 4 月 24 日
8.10	Intrepid Ibex	2008 年 10 月 30 日
9.04	Jaunty Jackalope	2009 年 4 月 23 日
9.10	Karmic Koala	2009 年 10 月 29 日
10.04(LTS)	Lucid Lynx	2010 年 4 月 29 日
10.10	Maverick Meerkat	2010 年 10 月 10 日
11.04	Natty Narwhal	2011 年 4 月 28 日
11.10	Oneiric Ocelot	2011 年 10 月 13 日
12.04(LTS)	Precise Pangolin	2012 年 4 月 26 日
12.10	Quantal Quetzal	2012 年 10 月 18 日
13.04	Raring Ringtail	2013 年 4 月 25 日
13.10	Saucy Salamander	2013 年 10 月 17 日
14.04(LTS)	Trusty Tahr	2014 年 4 月 18 日
14.10	Utopic Unicorn	2014 年 10 月 23 日
15.04	Vivid Vervet	2015 年 4 月 22 日
15.10	Wily Werewolf	2015 年 10 月 23 日
16.04(LTS)	Xenial Xerus	2016 年 4 月 21 日
16.10	Yakkety Yak	2016 年 10 月 20 日
17.04	Zesty Zapus	2017 年 4 月 13 日
17.10	Artful Aardvark	2017 年 10 月 19 日
18.04(LTS)	Bionic Beaver	2018 年 4 月 26 日
18.10	Cosmic Cuttlefish	2018 年 10 月 18 日
19.04	Disco Dingo	2019 年 4 月 18 日
19.10	Eoan Ermine	2019 年 10 月 17 日
20.04(LTS)	Focal Fossa	2020 年 4 月 23 日

注：LTS 为 long-term support，即长期支持。

Ubuntu 是基于 GNU/Linux 平台的操作系统，适用于桌面计算机、笔记本电脑和服务器，Ubuntu 分为桌面版本和服务器版本，下面简单介绍这两类版本的特点。

桌面版本特点如下。

（1）安装完毕后可以立即使用。

（2）启动后桌面十分简洁。

（3）默认含有用户所需的应用程序。

（4）可编辑和共享其他格式的文件。

（5）系统升级快速、简单。

（6）强大的自由软件仓库。

（7）触手可及的帮助和支持。

服务器版本特点如下。

（1）拥有继承安全平台。

（2）总体拥有成本较低。

（3）消除更新个人工作站的成本。

在 Ubuntu 中，用户在使用磁盘文件系统或网络文件系统时，几乎感觉不到这两者的差异。Ubuntu 中所有的文件都是以目录的形式存储的，“/”是一切目录的起点。Ubuntu 系统目录如图 2-6 所示。

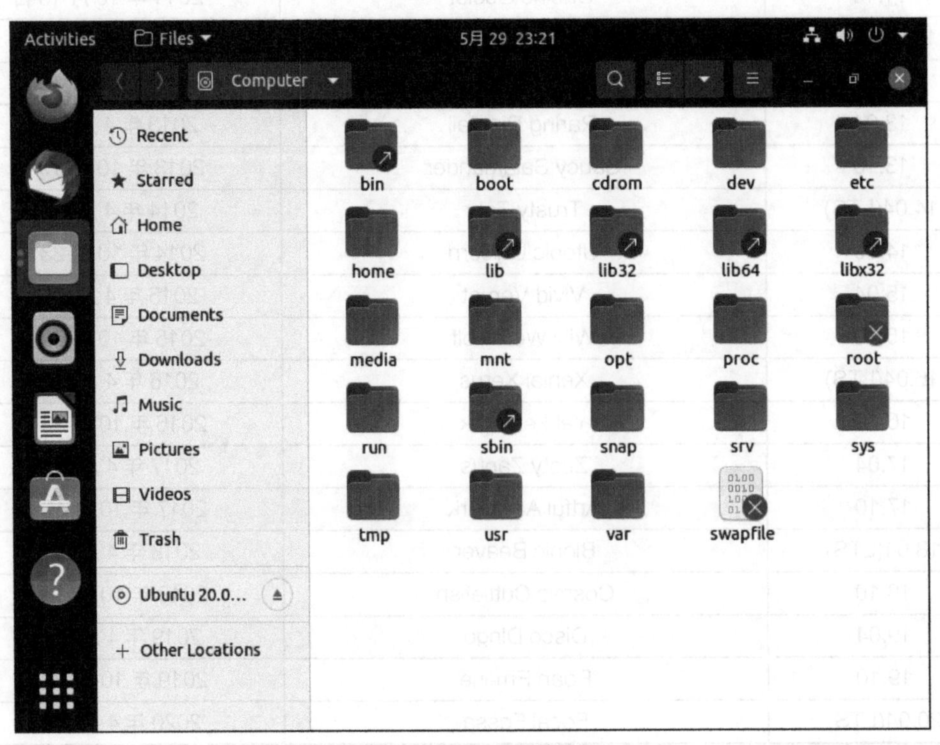

图 2-6　Ubuntu 系统目录

Ubuntu 的目录如表 2-2 所示。

表 2-2　Ubuntu 的目录

默认目录名	备注
/	Linux 系统根目录
/bin	存放系统中最常用的可执行文件
/boot	存放的是 Linux 内核和系统启动文件
/cdrom	挂载光驱文件系统
/dev	存放的是 Linux 的外部设备
/etc	存放所有的系统管理所需要的配置文件和子目录
/home	用户主目录默认位置
/lib	存放共享的库文件
/lost+found	存放由 fsck 放置的零散文件
/media	存放自动挂载的光驱、USB 设备等
/mnt	存放暂时挂载额外的设备
/opt	可选文件和程序的存放目录
/proc	虚拟的目录，它是系统内存的映射，可获取系统信息
/root	系统管理员，也称作超级权限者的用户主目录
/run	存放进程的 ID
/sbin	存放的是系统管理员使用的系统管理程序
/selinux	伪文件系统，Kernel 子系统通常使用的命令
/srv	存放系统所提供的服务数据
/sys	虚拟文件系统，记录内核相关信息
/tmp	存放临时文件
/usr	包含所有的命令、说明文件、程序库等
/var	包含日志文件、计划任务和邮件等内容

任务 2.2　安装虚拟化软件

工作任务

VMware Workstation 是虚拟化产品的一种，它可以在物理机上虚拟出一台计算机。这台计算机跟物理机一样拥有完整的功能，可以安装跟物理机不同的操作系统。

在了解 Ubuntu 操作系统之后，本任务带领读者实际安装 VMware Workstation 虚拟机软件，由于大多数计算机的操作系统都是 Windows 系统，所以需要虚拟化软件帮助我们在 Windows 系统上安装 Ubuntu 系统。

相关知识

VMware Workstation Pro 如图 2-7 所示，是 VMware 公司旗下的一款桌面虚拟化软件，可以在这款软件上运行虚拟机。VMware Workstation 支持 Windows 系统和 Linux 系统，随着云计算的发展，VMware Workstation 也支持开放容器倡议（Open Container Initiative，OCI）和 Kubernetes 集群。利用 VMware Workstation 创建的虚拟机之间相互隔离，每个虚拟机都有自己单独的配置文件。虚拟机可以用于开发代码、构建解决方案、测试应用和演示产品等场景。

图 2-7　VMware Workstation Pro

VMware Workstation 可以通过 vCenter Server 或 ESXi 主机与 vSphere 连接，用以启动、控制和管理虚拟机和物理主机。此外，Workstation Pro 还支持构建、运行、拉取和推送 OCI 容器，并且提供以硬件方式部署 Kubernetes 的工具。

任务实施

首先，下载和安装 VMware Workstation Pro。在官方提供的下载链接里下载对应版本的软件，本任务的主机环境是 Windows 操作系统，因此下载的是 Windows 版本的 Workstation Pro，如图 2-8 所示。

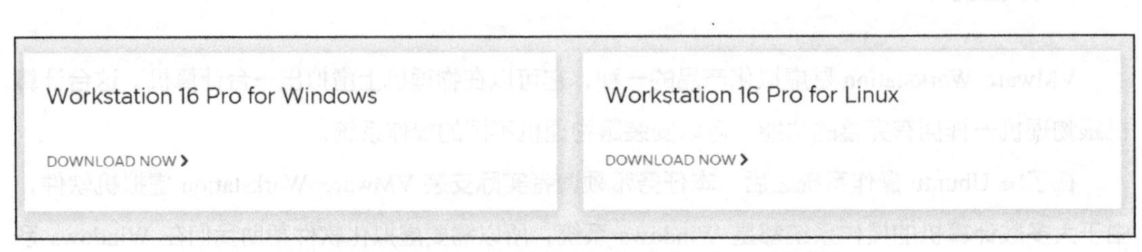

图 2-8　Windows 版本的 Workstation Pro（左侧）

下载完安装程序后，运行安装软件，进入 VMware Workstation Pro 安装向导界面，如图 2-9 所示。单击“下一步”按钮进入下一步操作。

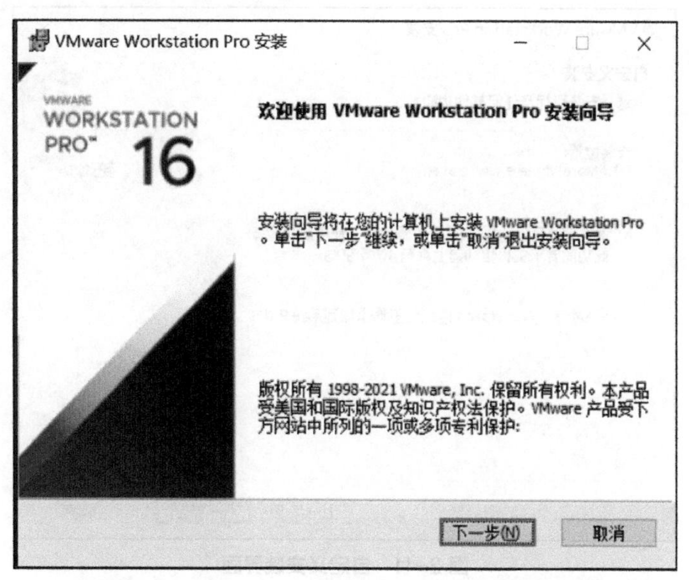

图 2-9　VMware Workstation Pro 安装向导界面

最终用户许可协议如图 2-10 所示，勾选“我接受许可协议中的条款”复选项，不勾选则无法进行下一步操作。

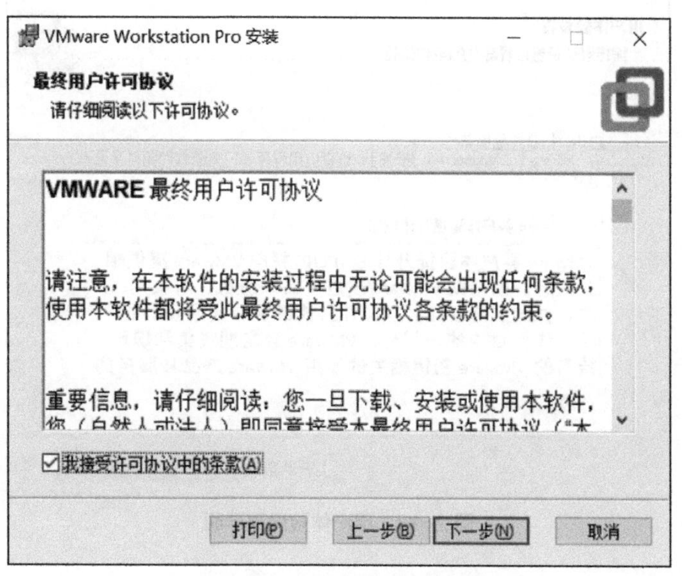

图 2-10　最终用户许可协议

自定义安装界面如图 2-11 所示，选择安装位置、是否安装增强型键盘驱动程序和是否将

VMware Workstation 控制台工具添加到系统 PATH。本任务选择了安装增强型键盘驱动和将工具添加到 PATH。

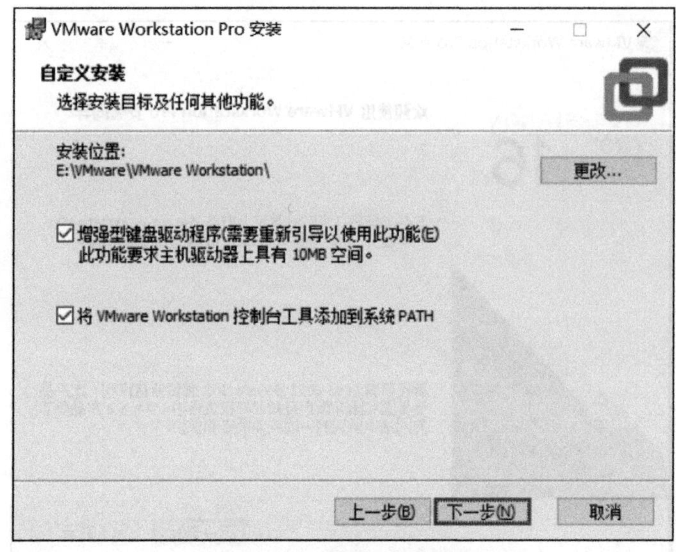

图 2-11　自定义安装界面

用户体验设置界面如图 2-12 所示，含启动时检查产品更新和加入 VMware 客户体验提升计划两个复选框。读者可以根据自己的需要选择这些功能。

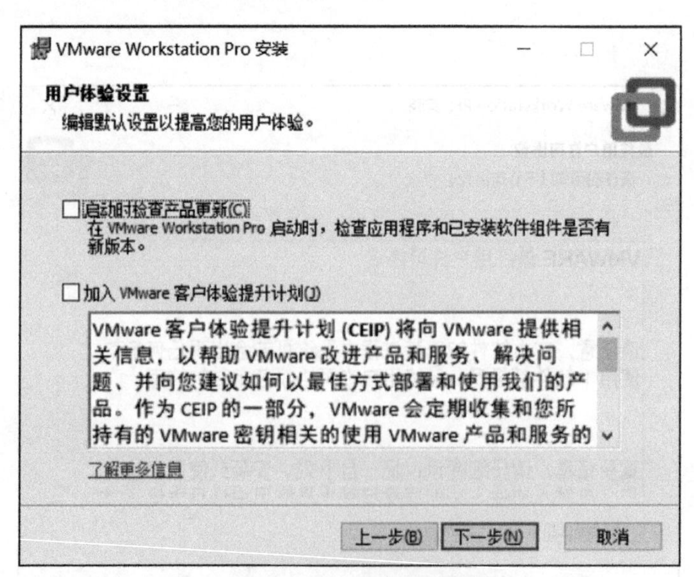

图 2-12　用户体验设置界面

之后是选择是否需要创建桌面和开始菜单的快捷方式，选择创建桌面快捷方式可以方便以后使用软件。选择好之后单击“下一步”按钮进入最后的确定安装界面。快捷方式选择界面、安装过程界面、安装完成界面，分别如图 2-13～图 2-15 所示。

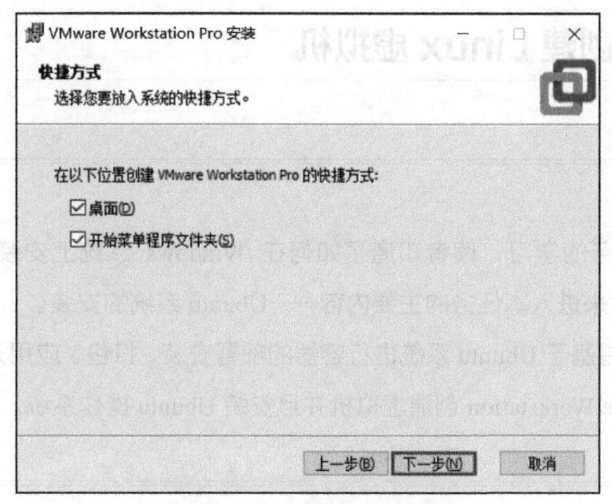

图 2-13　快捷方式选择界面

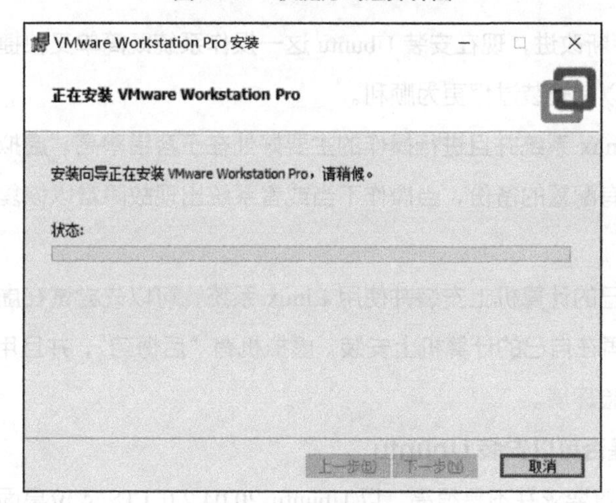

图 2-14　安装过程界面

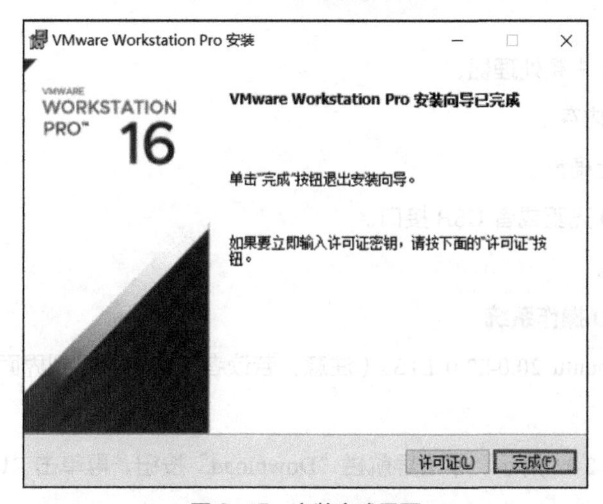

图 2-15　安装完成界面

完成安装之后需要重启计算机才能够顺利运行软件。

任务 2.3 创建 Linux 虚拟机

工作任务

经过对上一个任务的学习，读者知道了如何在 Windows 系统上安装虚拟化软件 VMware Workstation Pro，接下来进入本任务的主要内容——Ubuntu 系统的安装。

本书的任务内容是基于 Ubuntu 系统进行容器的部署安装、打包、应用开发等，因此，本任务详细介绍通过 VMware Workstation 创建虚拟机并且安装 Ubuntu 操作系统。

相关知识

随着 Ubuntu 的不断改进，现在安装 Ubuntu 这一操作系统既简单又快捷，但是仍然要做好安装之前的准备工作，以使安装过程更为顺利。

用虚拟机安装 Linux 系统并且进行操作的主要好处在于容错率高。虚拟机允许创建快照，快照是当前虚拟机的所有配置的备份，当操作不当或者系统出现故障难以恢复时，快照是一个很好的解决方案。

如果读者想在自己的计算机上安装并使用 Linux 系统，可以先尝试在虚拟机上进行安装、运行和操作，熟悉之后再在自己的计算机上安装。虚拟机有“后悔药”，并且用法也很简单，是一个实际操作前的绝佳实验环境。

1. 确认计算机是否可以安装 Ubuntu

Ubuntu 的系统配置要求并不是很高，以 Ubuntu 20.04.2.0 LTS64 位桌面版系统为例，所需的硬件配置如下。

（1）2GHz 及以上主频处理器。

（2）4GB 及以上内存。

（3）25GB 及以上硬盘。

（4）可用的 DVD 光驱或者 USB 接口。

（5）可用的网络。

2. 下载 Ubuntu 操作系统

进入官网下载 Ubuntu 20.04.2.0 LTS。（注意：若读者进入官网见到界面与本书的不同，请以实际界面为准。）

Ubuntu 官网如图 2-16 所示，单击导航栏“Download”按钮，再单击“Ubuntu Desktop”选项进入下载界面。

Ubuntu 下载界面如图 2-17 所示，单击右侧“Download”按钮即可下载。

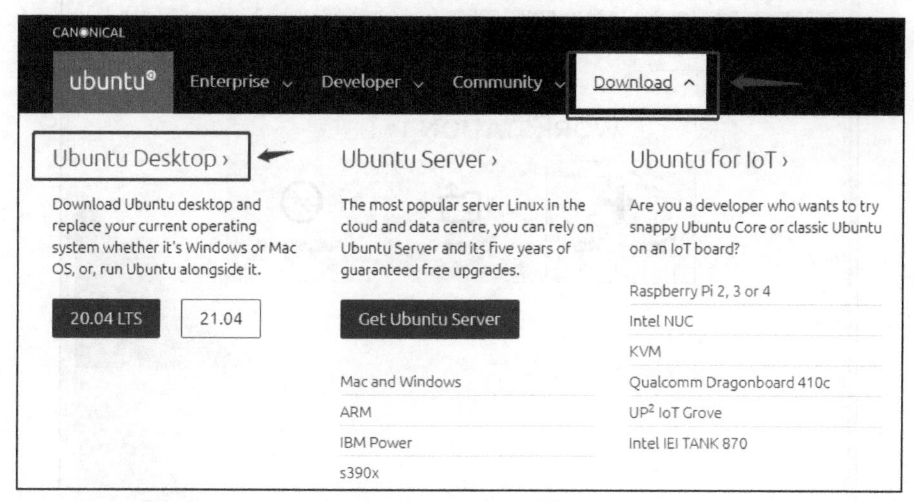

图 2-16　Ubuntu 官网

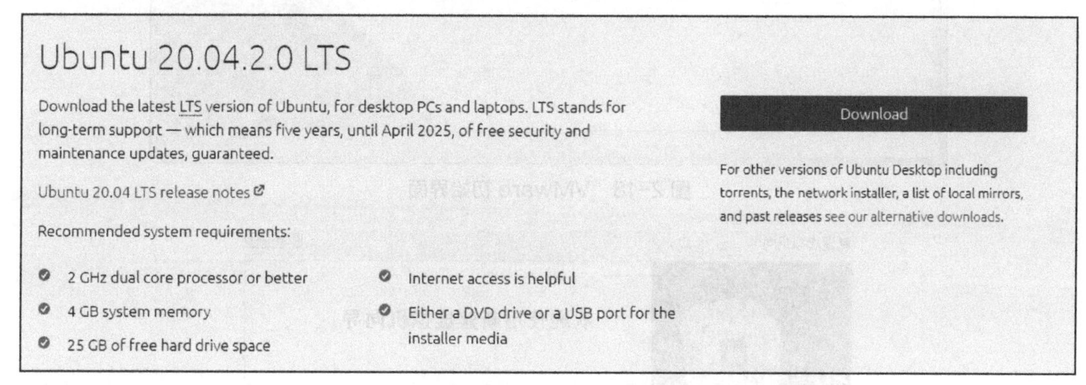

图 2-17　Ubuntu 下载界面

任务实施

1. 创建虚拟机

（1）VMware 初始界面如图 2-18 所示，单击其中“创建新的虚拟机”按钮。进入虚拟机新建向导界面，如图 2-19 所示，勾选“自定义（高级）”选项，并单击“下一步”按钮。典型安装模式下，所有的配置均是由软件默认分配的，自定义模式则可以更加自由地配置满足使用需求的虚拟机。

（2）虚拟机硬件兼容性选择界面如图 2-20 所示，硬件兼容性指的是 VMware Workstation 的版本，虚拟机在不同的软件版本中可能存在相互不兼容的问题。因此，如果想要创建好的虚拟机能够在其他计算机上运行，在硬件兼容性方面需要选择相同的产品。这里选择默认的虚拟机硬件兼容性，单击“下一步”按钮。

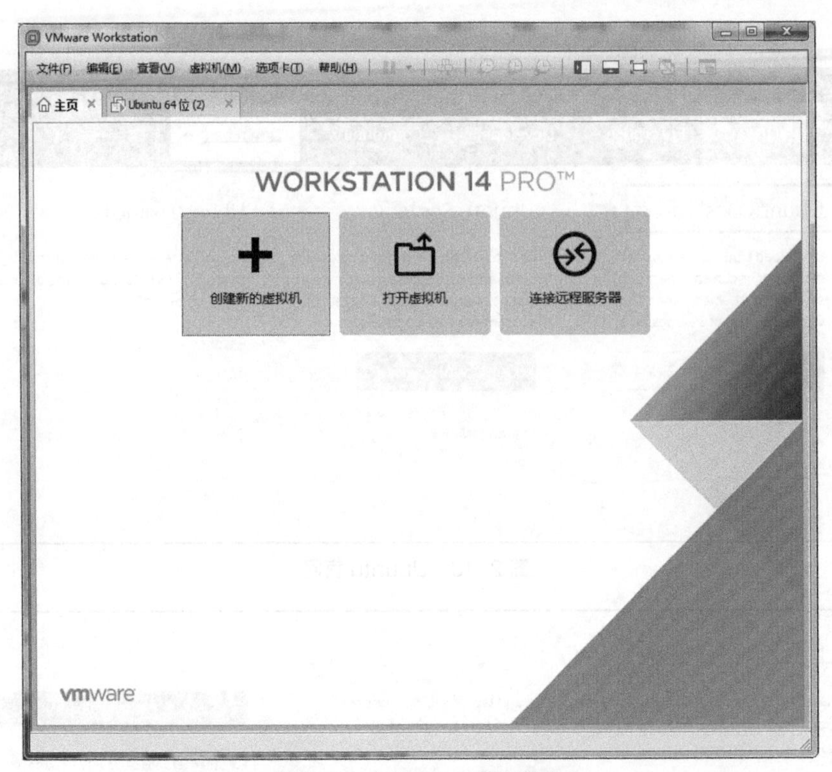

图 2-18　VMware 初始界面

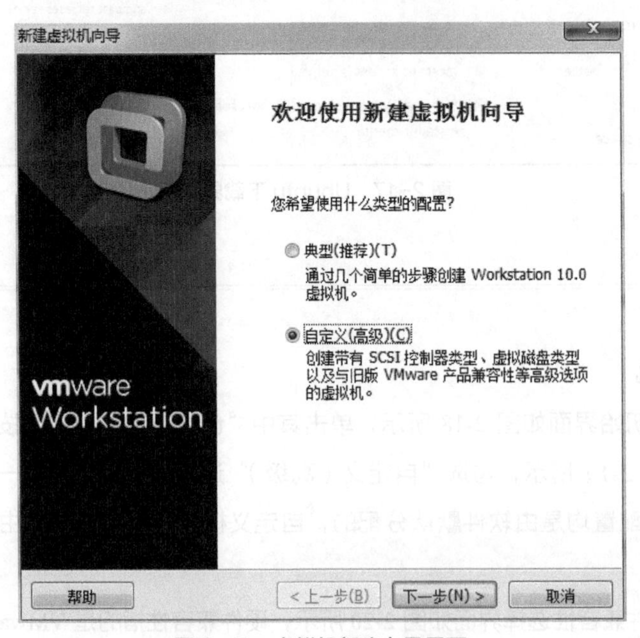

图 2-19　虚拟机新建向导界面

（3）虚拟机操作系统选择界面如图 2-21 所示，这一步是选择系统的 ISO 镜像文件，如果已经有系统的 ISO 镜像文件，可以选择“安装程序光盘映像文件(iso)”选项。这里假定还没有系统 ISO 镜像文件，选择“稍后安装操作系统”选项，并单击“下一步”按钮。

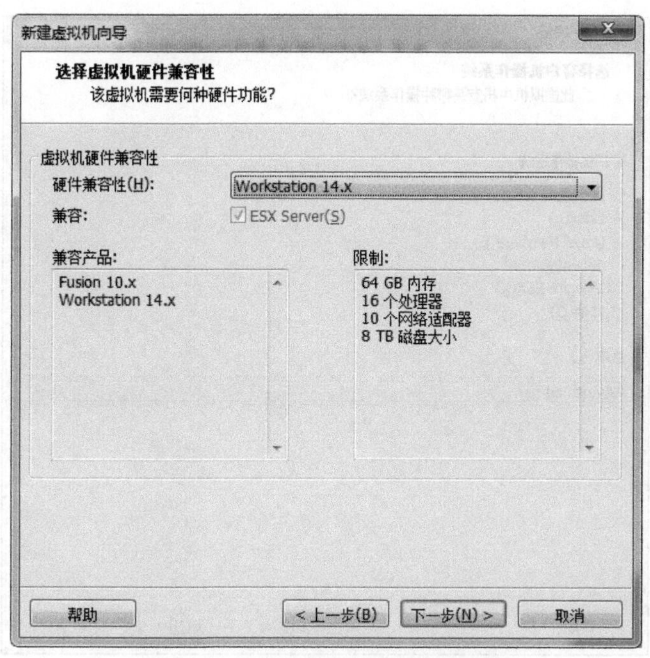

图 2-20　虚拟机硬件兼容性选择界面

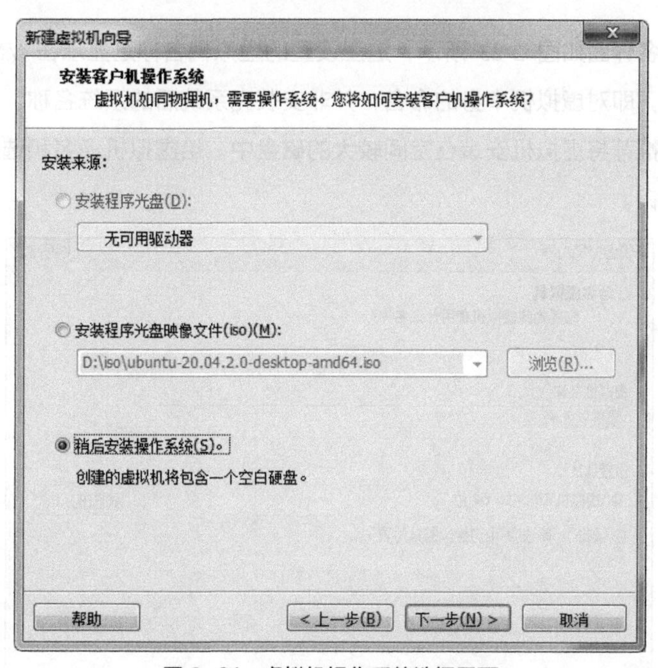

图 2-21　虚拟机操作系统选择界面

（4）如果上一步有选择系统的 ISO 镜像文件，这一步会自动识别操作系统；由于上一步选择了“稍后安装操作系统”，所以这里的操作系统类型需要自己选择。虚拟机操作系统版本选择界面如图 2-22 所示，客户机操作系统选择“Linux”选项，版本选择“Ubuntu 64 位”，并单击“下一步”按钮。

图 2-22　虚拟机操作系统版本选择界面

（5）虚拟机命名界面如图 2-23 所示，这里设置的虚拟机名称是显示在 VMware Workstation 的虚拟机列表里的，即对虚拟机本身的命名，并非安装完系统后的系统名称。位置（安装路径）可以设置为默认，推荐将虚拟机安装在空间较大的磁盘中。给虚拟机命名和选择安装路径之后，单击“下一步”按钮。

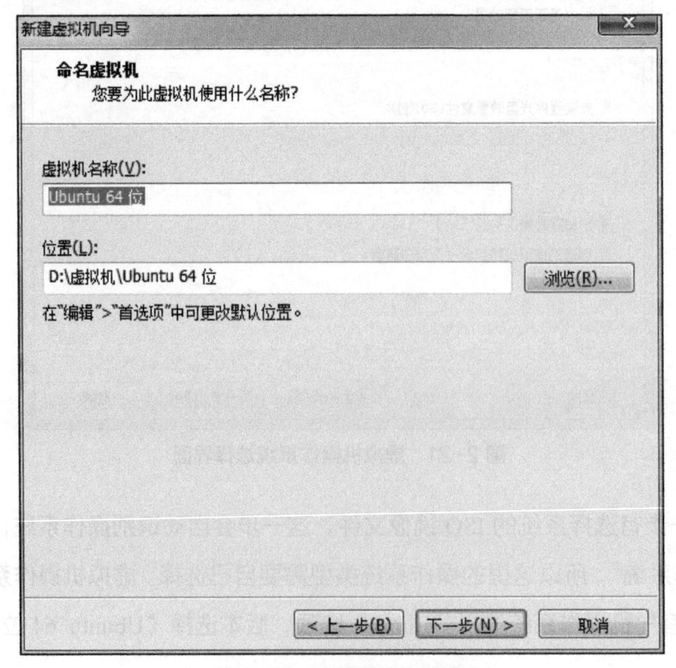

图 2-23　虚拟机命名界面

（6）虚拟机处理器配置界面如图 2-24 所示，虚拟机的处理器同物理机中的处理器相同，有数量和内核数量，数量越多，一般代表计算机的性能越好。这里选择默认处理器的数量，单击“下一步”按钮。

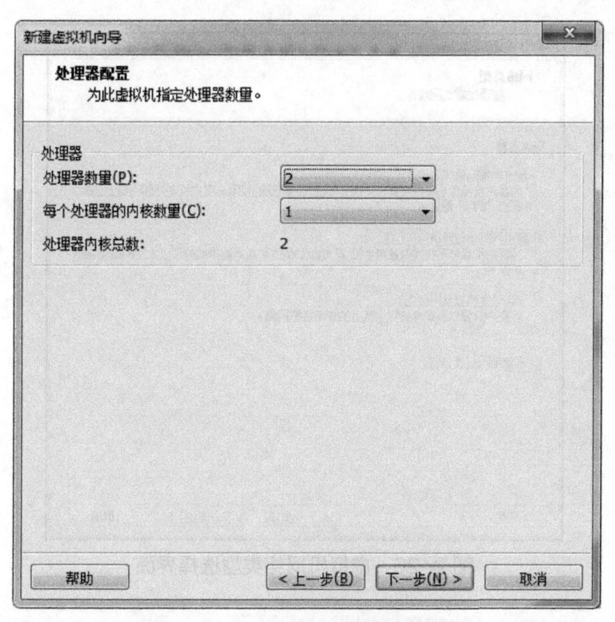

图 2-24　虚拟机处理器配置界面

（7）虚拟机内存配置界面如图 2-25 所示，根据要求配置虚拟机内存的大小，上限是 64GB，下限是 4MB，实际的上限取决于物理机的内存大小和虚拟机的虚拟内存大小。这里有推荐内存，把内存设置为 4GB，然后单击“下一步”按钮。

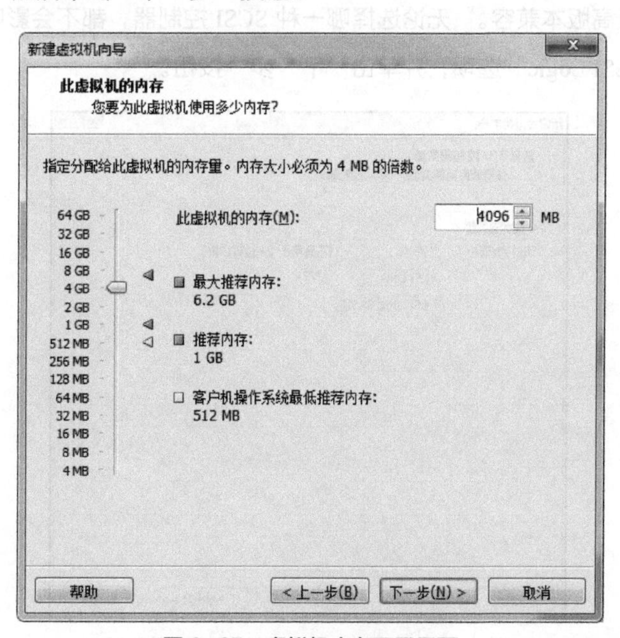

图 2-25　虚拟机内存配置界面

（8）虚拟机网络类型选择界面如图 2-26 所示，网络类型的选择决定虚拟机与物理机的连接方式以及访问互联网的方式。3 种网络连接方式的区别在任务 4.1 中有进一步介绍。这里网络连接选择“使用网络地址转换(NAT)”单选项，并单击“下一步”按钮。

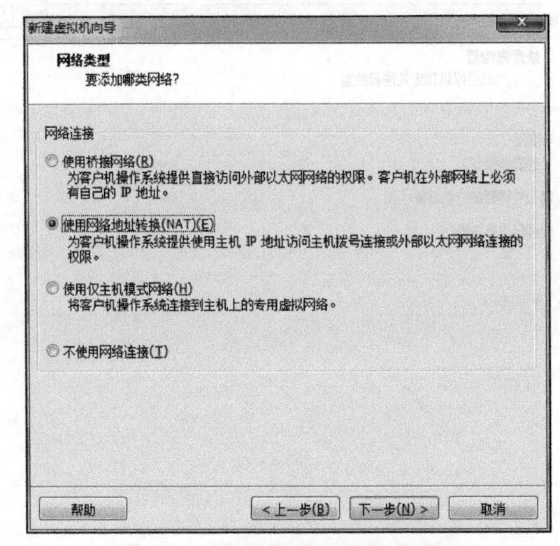

图 2-26　虚拟机网络类型选择界面

（9）虚拟机 I/O 控制器类型选择界面如图 2-27 所示。小型计算机系统接口（Small Computer System Interface，SCSI）是计算机同设备（如打印机、硬盘和光驱等）的接口标准。根据 VMware 官方网站的描述“BusLogic 和 LSI Logic 适配器具有并行接口。LSI Logic SAS 适配器具有串行接口。LSI Logic 适配器已提高性能，与通用 SCSI 设备结合使用效果更好。LSI Logic 适配器也与 ESX Server 2.0 和更高版本兼容。”无论选择哪一种 SCSI 控制器，都不会影响虚拟磁盘的类型。SCSI 控制器选择“LSI Logic”选项，并单击“下一步”按钮。

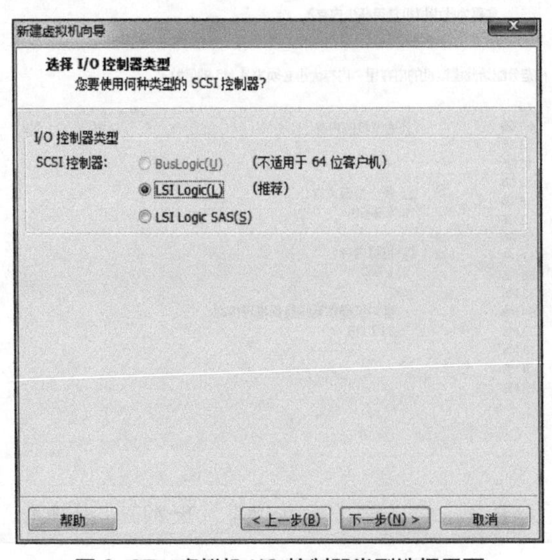

图 2-27　虚拟机 I/O 控制器类型选择界面

（10）虚拟磁盘类型选择“SCSI”选项，并单击“下一步”按钮，如图 2-28 所示。

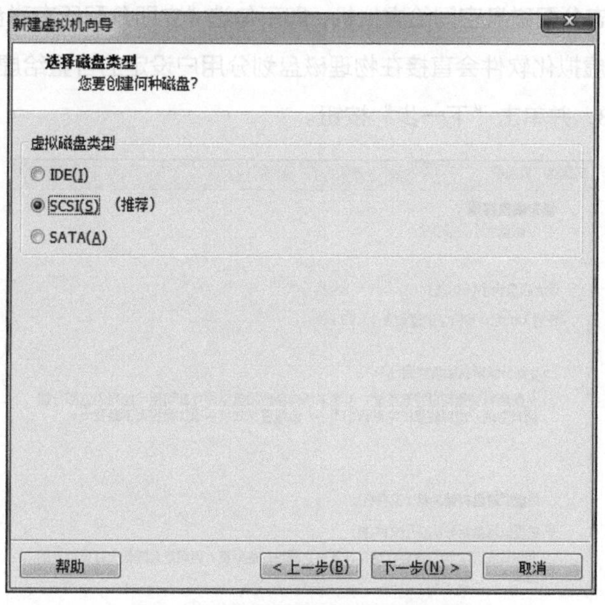

图 2-28　虚拟机磁盘类型选择界面

（11）虚拟机磁盘选择界面如图 2-29 所示。选择虚拟磁盘时，可以选择已有的磁盘，如之前创建的虚拟磁盘；也可以选择使用物理磁盘，可以直接访问本地磁盘。如果没有现有的磁盘，可以选择创建一个新的虚拟磁盘。选择“创建新虚拟磁盘”选项，并单击“下一步”按钮。

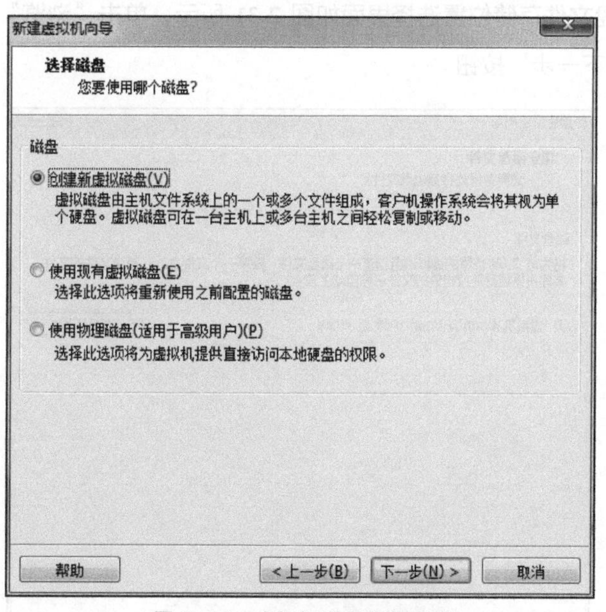

图 2-29　虚拟机磁盘选择界面

（12）虚拟机磁盘容量配置界面如图 2-30 所示，最大磁盘大小默认为 20GB，上限为物理磁盘的现有最大容量，虚拟磁盘的空间分配可以是动态分配或静态分配。动态分配是根据虚拟机实际使用的空间大小，动态分配磁盘空间给虚拟机，即不勾选“立即分配所有磁盘空间”；勾选则静态分配磁盘空间，此时虚拟化软件会直接在物理磁盘划分用户设定的容量给虚拟机。这里将最大磁盘大小指定为 20.0GB，并单击“下一步”按钮。

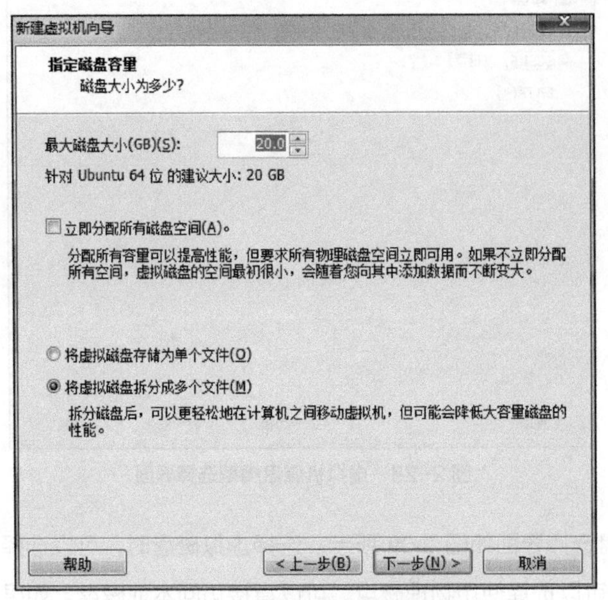

图 2-30　虚拟机磁盘容量配置界面

（13）虚拟机磁盘文件存储位置选择界面如图 2-31 所示，单击“浏览”按钮指定磁盘文件的存储位置，并单击“下一步”按钮。

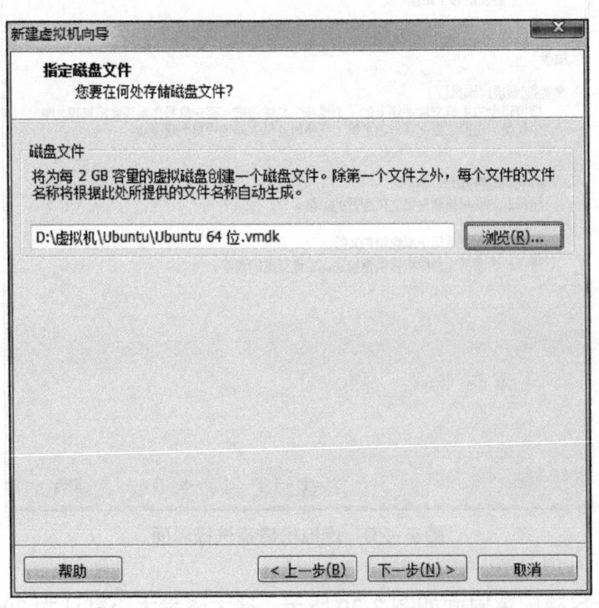

图 2-31　虚拟机磁盘文件存储位置选择界面

（14）虚拟机配置完成界面如图 2-32 所示，所有配置信息设置完之后，核对信息无误，可单击“完成”按钮。

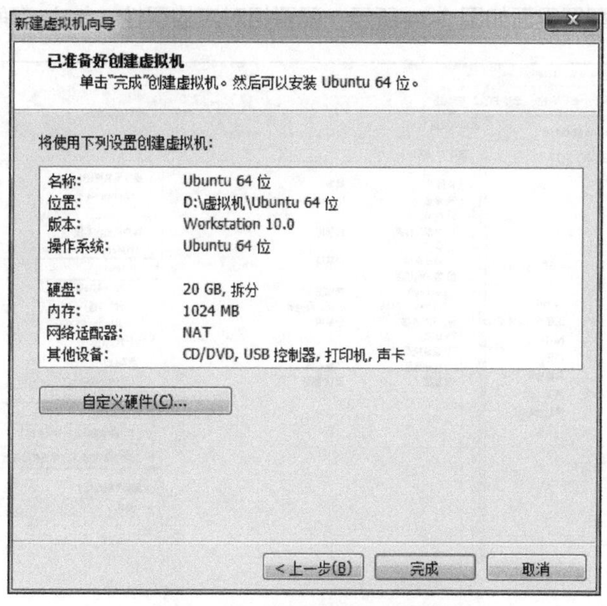

图 2-32　虚拟机配置完成界面

（15）虚拟机创建成功界面如图 2-33 所示，虚拟机创建完毕。

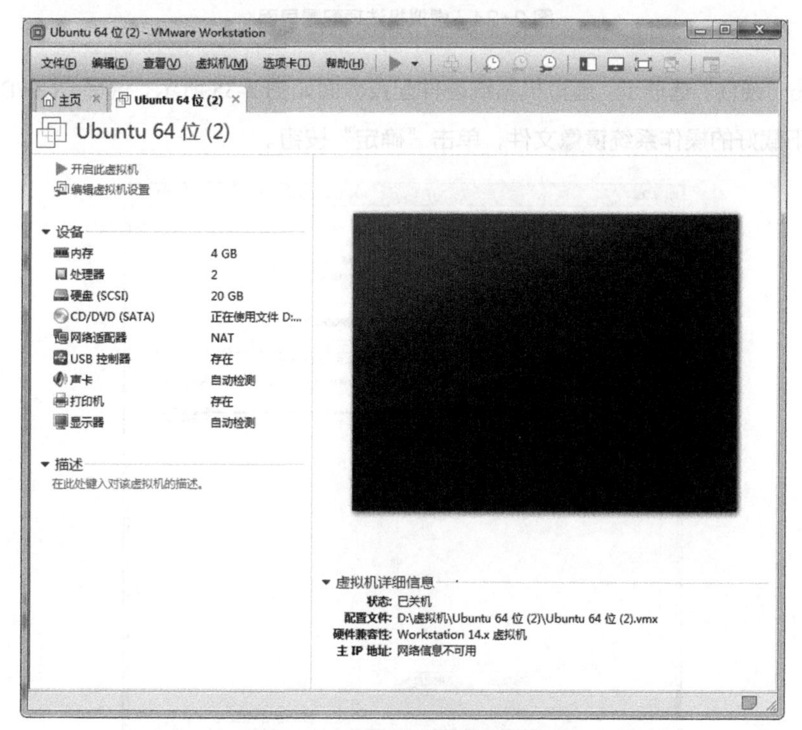

图 2-33　虚拟机创建成功界面

2. 安装 Ubuntu 系统

（1）接下来开始安装 Ubuntu 系统，单击“编辑虚拟机设置”，在弹出的对话框中单击“选项”选项卡，虚拟机选项配置界面如图 2-34 所示，配置相对应的属性，单击“确定”按钮。

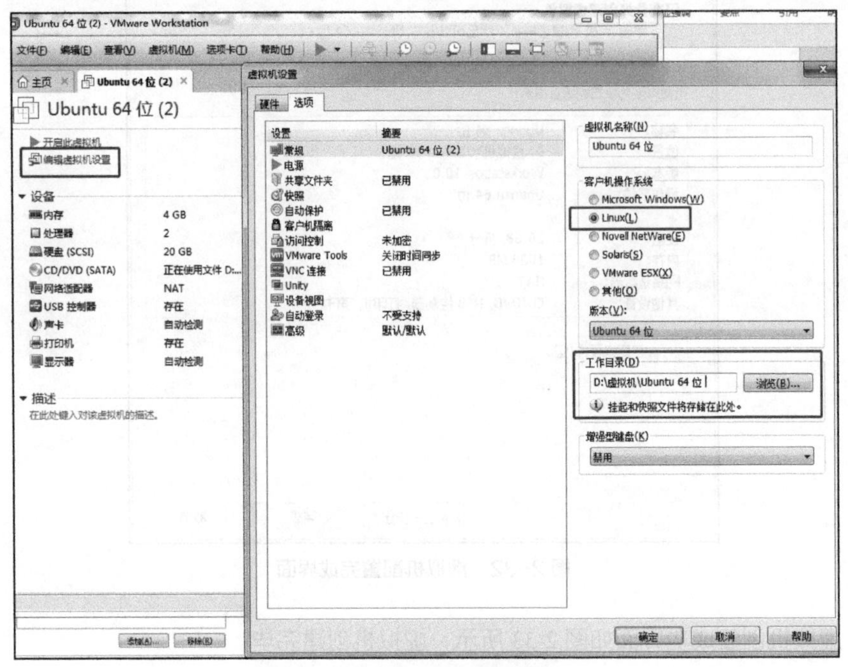

图 2-34　虚拟机选项配置界面

（2）单击“硬件”选项卡，虚拟机系统硬件配置界面如图 2-35 所示，选择“CD/DVD(SATA)”选项，选择下载好的操作系统镜像文件，单击“确定”按钮。

图 2-35　虚拟机系统硬件配置界面

（3）所有配置都设置完毕后，单击“开启此虚拟机”，VMware 启动界面如图 2-36 所示。

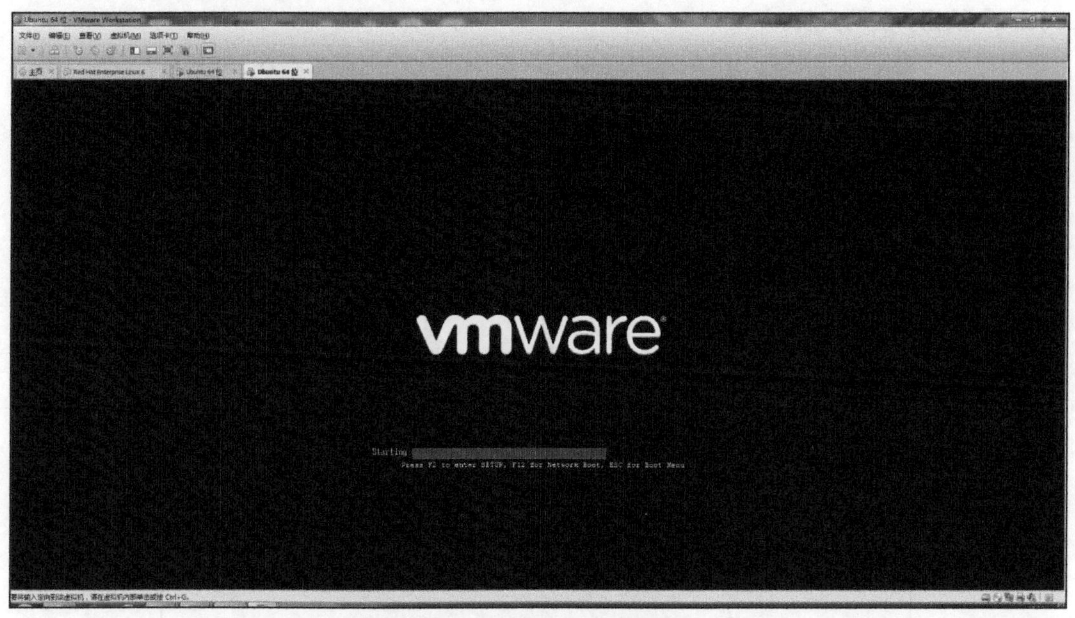

图 2-36　VMware 启动界面

（4）Ubuntu 的安装启动界面如图 2-37 所示。

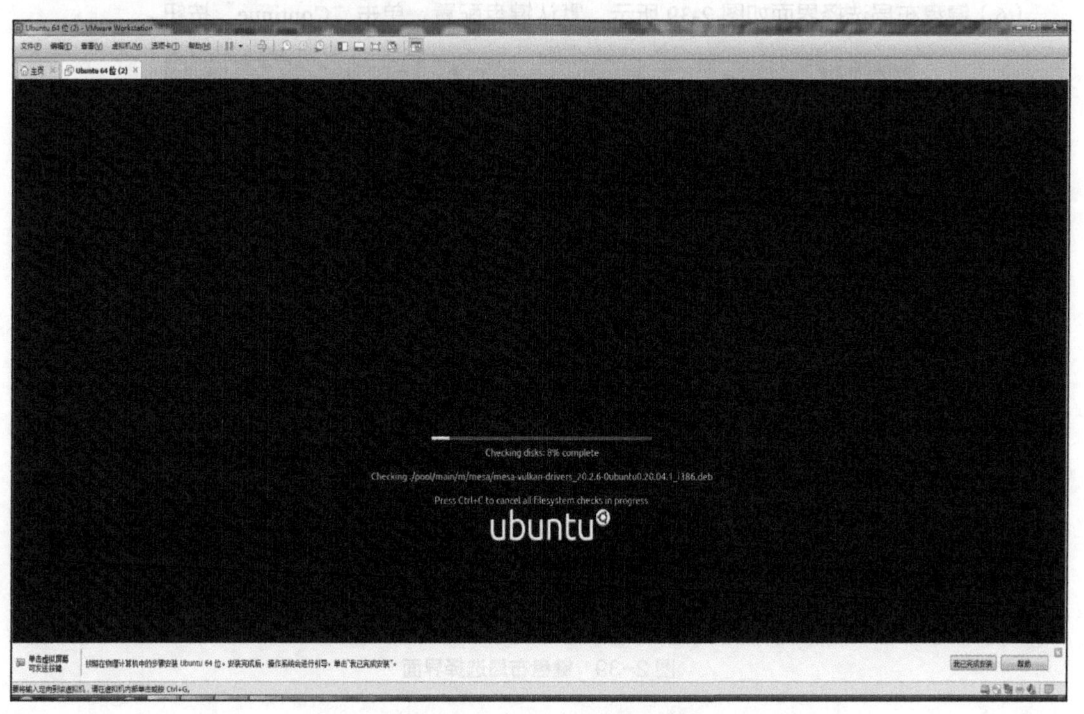

图 2-37　Ubuntu 安装启动界面

（5）这里可以选择试用 Ubuntu 系统，在试用之后继续安装，也可以直接安装 Ubuntu 系统。

Ubuntu 安装向导界面如图 2-38 所示，在左侧选择安装的语言，这里选择直接安装系统，单击“Install Ubuntu”按钮，启动安装。

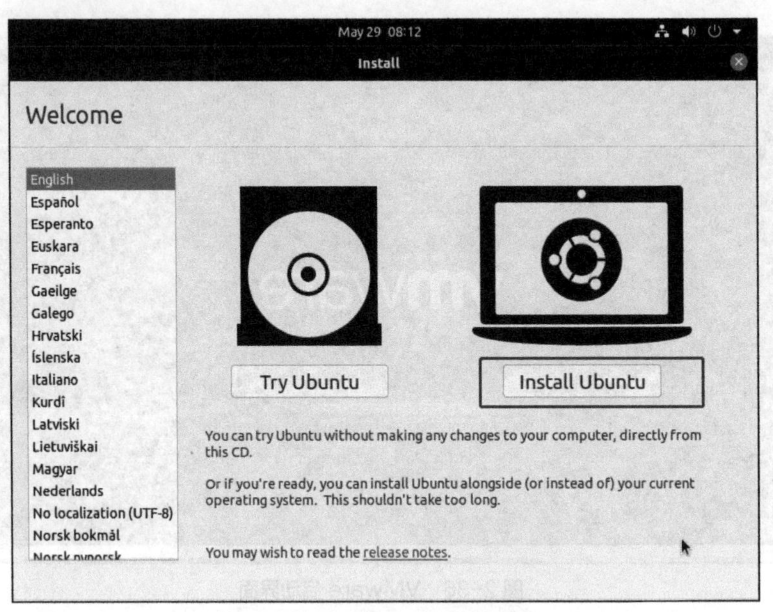

图 2-38 Ubuntu 安装向导界面

（6）键盘布局选择界面如图 2-39 所示，默认键盘配置，单击“Continue”按钮。

图 2-39 键盘布局选择界面

（7）Ubuntu 安装准备界面如图 2-40 所示，默认选择的是“Normal installation”（普通安装模式），单击“Continue”按钮。

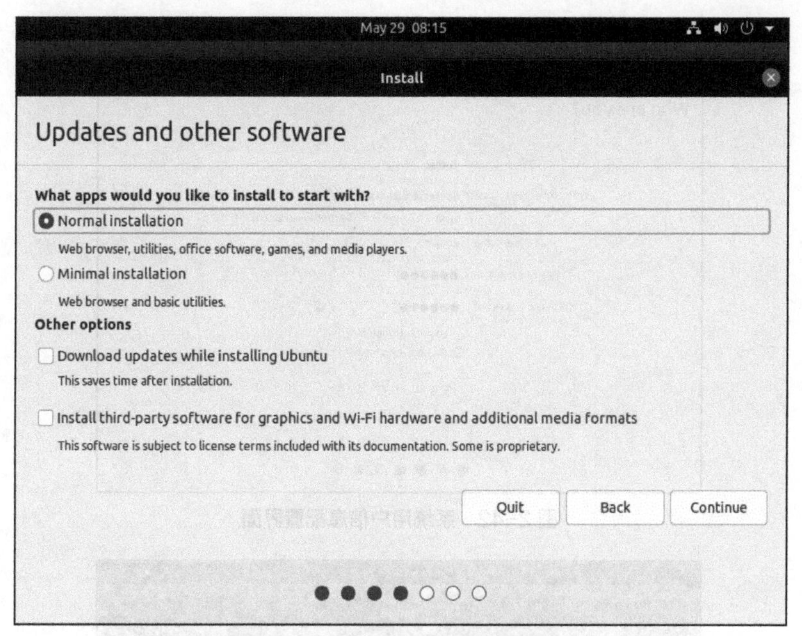

图 2-40 Ubuntu 安装准备界面

（8）Ubuntu 安装地理位置选择界面如图 2-41 所示，用户可配置地理位置，单击“Continue”按钮。

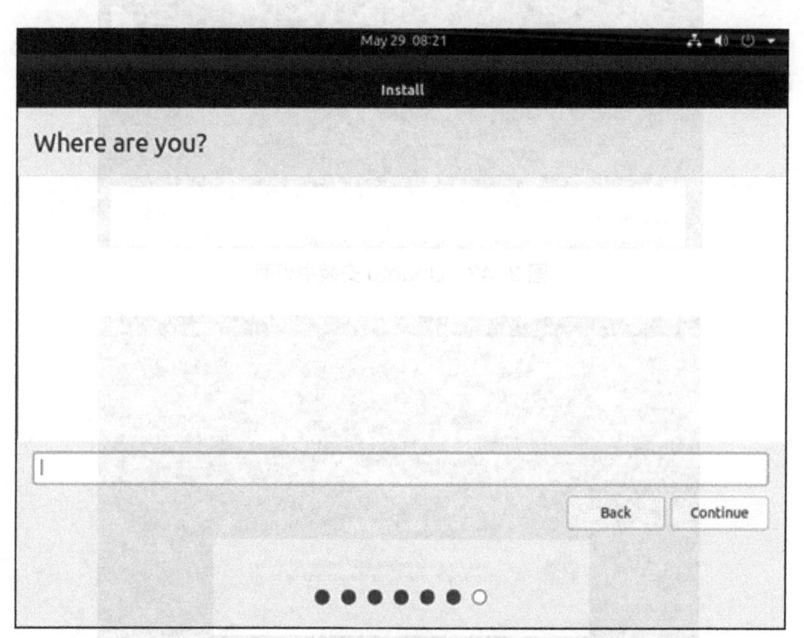

图 2-41 Ubuntu 安装地理位置选择界面

（9）设置初始账户后，单击“Continue”按钮，等待安装完毕即可。系统用户信息配置界面、Ubuntu 安装中界面、Ubuntu 安装完成界面、Ubuntu 系统登录界面、Ubuntu 系统界面，分别如图 2-42～图 2-46 所示。

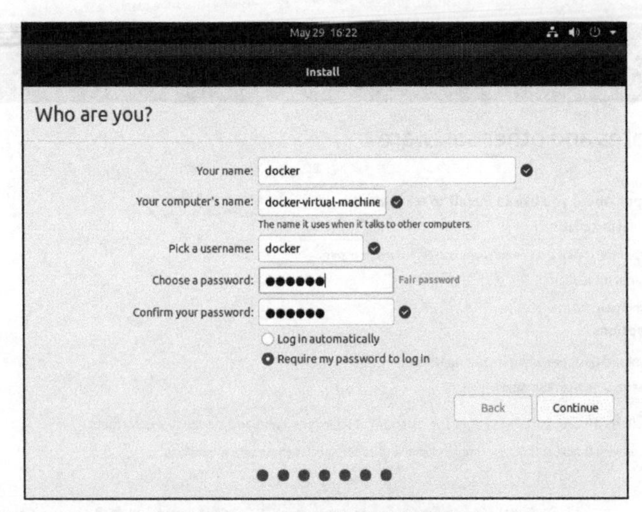

图 2-42　系统用户信息配置界面

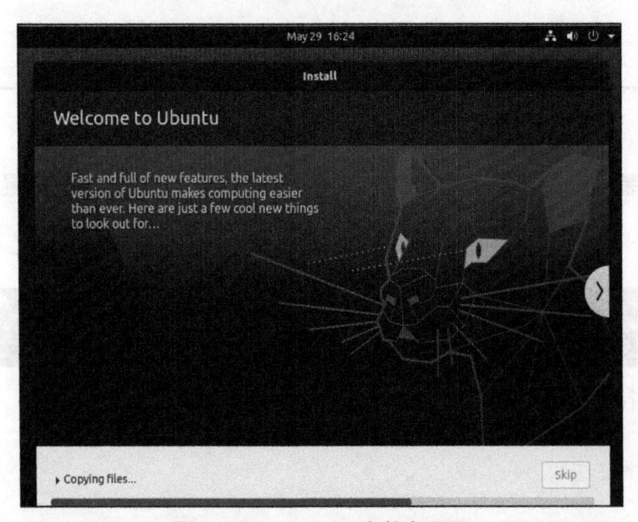

图 2-43　Ubuntu 安装中界面

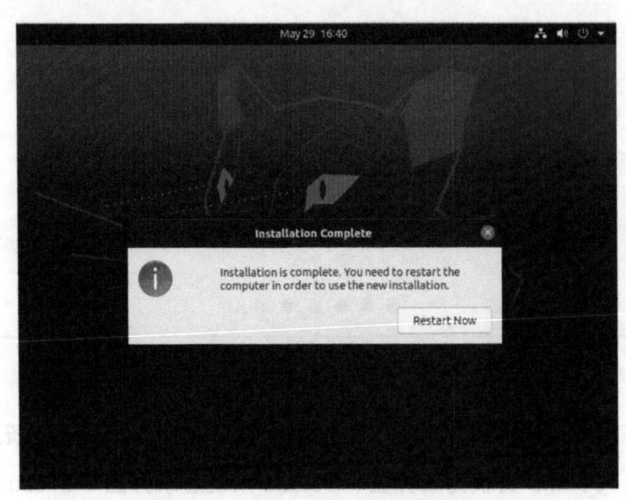

图 2-44　Ubuntu 安装完成界面

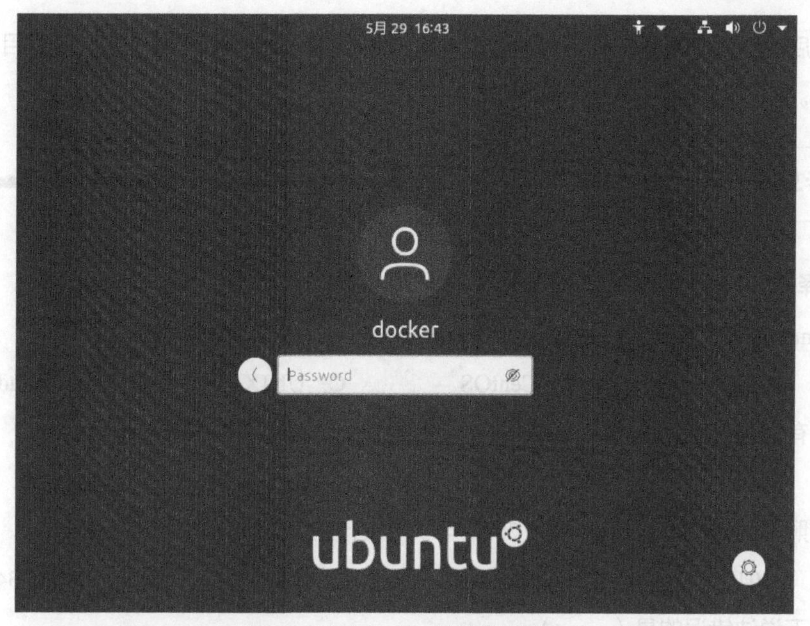

图 2-45　Ubuntu 系统登录界面

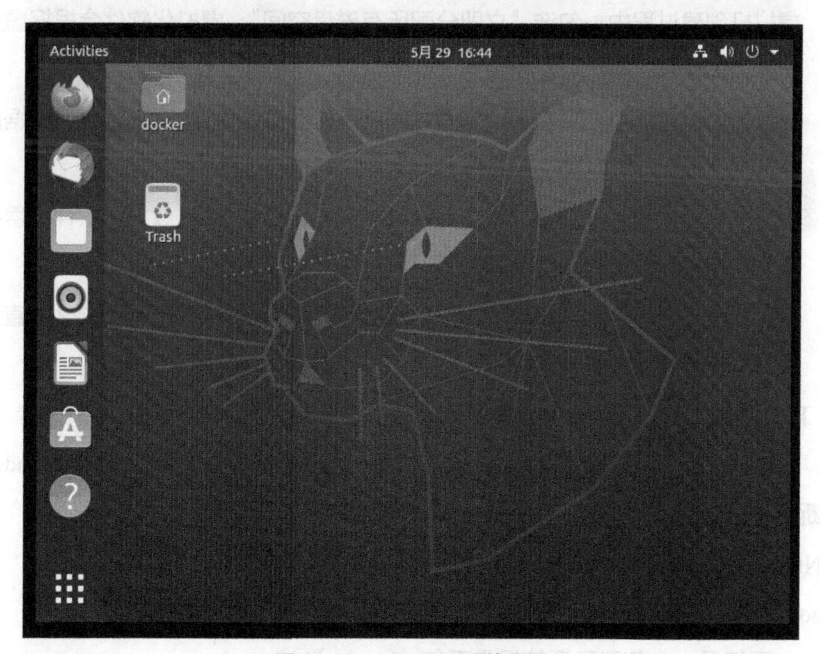

图 2-46　Ubuntu 系统界面

项目小结

本项目向读者介绍了 Linux 的基本情况。先简单说明了 Linux 的由来，然后介绍了一些 Linux 的常用发行版。由于本书的实例教程是基于 Ubuntu 20.04 系统的，所以接下来介绍了 Ubuntu 版本的一些情况，最后介绍了如何安装 VMware Workstation 软件和 Ubuntu 20.04 系统。希望读者在学习完本项目后能够清晰了解 Ubuntu 以及在学习之后搭建好 Ubuntu 环境，为后续项目的学习做好充分的准备。

思考与训练

1. 选择题

（1）Linux 系统是参照（　　）系统演变而来的。

A. Ubuntu　　B. CentOS　　C. UNIX　　D. Windows

（2）所有的用户文件通常保存在（　　）目录下。

A. /home　　B. /root　　C. /bin　　D. /opt

（3）按照 Ubuntu 版本发行规律，2013 年 4 月发行的版本，版本号应该为（　　）。

A. 13.04　　B. 13.14　　C. 13.24　　D. 13.34

（4）以下说法错误的是（　　）。

A. 虚拟机创建过程中，勾选“立即分配所有磁盘空间”，虚拟化软件会根据虚拟机实际使用的空间大小，动态分配磁盘空间给虚拟机

B. 虚拟机创建过程中，不勾选“立即分配所有磁盘空间”，虚拟化软件会根据虚拟机实际使用的空间大小，动态分配磁盘空间给虚拟机

C. 虚拟机创建过程中，选择“将虚拟磁盘存储为单个文件”，虚拟化软件会直接在物理磁盘划分用户设定的容量给虚拟机

D. 虚拟机创建过程中，选择“将虚拟磁盘拆分为多个文件”，虚拟化软件会直接在物理磁盘划分用户设定的容量给虚拟机

（5）以下（　　）是 Linux 系统的发行版。

A. Ubuntu　　B. Debian　　C. UNIX　　D. Windows

2. 判断题

（1）UNIX 是 Linux 的发行版之一。（　　）

（2）/root 目录是 Ubuntu 系统的根目录。（　　）

（3）Linux 系统是一个免费开源的操作系统。（　　）

（4）Linux 不可应用在服务器上，因为 Linux 不够安全。（　　）

3. 简答题

（1）Ubuntu 的桌面版本有哪些特点？

（2）在 Linux 系统中，硬件设备大部分是安装在哪个目录下的？

（3）简述 Ubuntu 与 Debian 的关系。

项目3 Ubuntu操作系统的配置

问题引入

场景 1：在一家上百人的企业中，一天小明的领导对小明说："给你两天时间在 Ubuntu 系统里面，给公司的每一位员工都创建一个用户。"两个小时过后小明向领导汇报已经完成任务了。领导很吃惊并且赞扬小明办事效率高，还给他涨了工资。按照传统的思想，在 Windows 操作系统创建大量的用户是一件非常烦琐的事情。小明的领导没有接触过有关 Ubuntu 的命令，所以不懂得在 Ubuntu 中还可以通过命令来实现批量创建用户。

场景 2：为了做好公司文件保密工作，领导决定让某些重要的文件不允许通过外部网络传输，只能通过公司内网传输。领导又将这个重任交给小明，这次小明能否完成领导交给他的任务？答案当然是"能"。小明在公司的 Ubuntu 服务器上部署了文件传输协议（File Transfer Protocol，FTP）服务，实现了内网的文件传输。

即使故事是虚构的，现实生活中不可能要求为每一位员工都创建一个 Ubuntu 用户，也说明了使用 Ubuntu 命令可以进行一些烦琐的、大批量的操作，从而使工作的效率大大提升。学习部署各种服务，不仅是为接下来的实验做铺垫，也为以后在现实工作中提供一种新的解决思路与办法。

知识目标

1. 了解 Ubuntu 基本命令
2. 了解防火墙基本命令
3. 了解文件传输协议

项目 3 Ubuntu 操作系统的配置

技能目标

1. 掌握 Ubuntu 基本命令

2. 掌握配置静态 IP 地址

3. 掌握部署 FTP 服务

思路指导

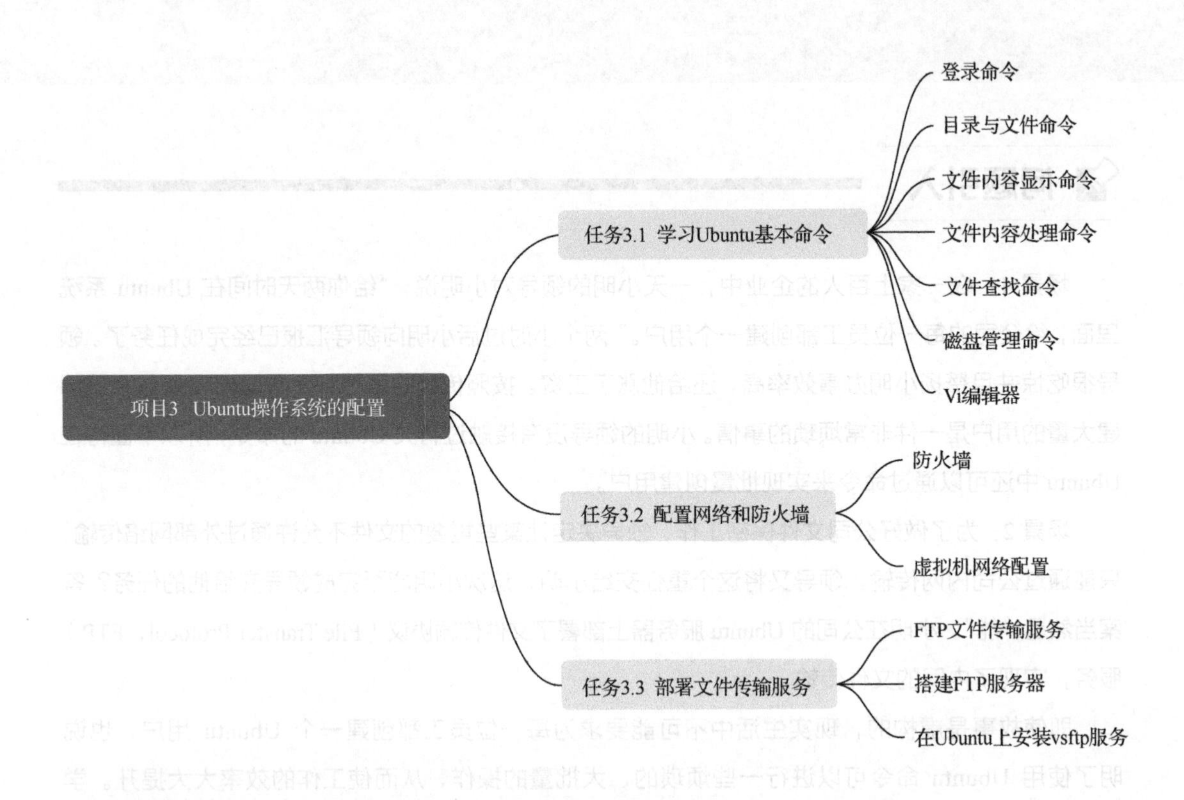

任务 3.1 学习 Ubuntu 基本命令

工作任务

学习完如何在物理机上用虚拟化软件创建虚拟机之后，读者对虚拟机以及 Ubuntu 的安装有了一定的了解。但是在实际开始进行云容器的开发之前，读者有必要了解一些关于 Linux 和 Ubuntu 的基本操作命令，这些命令是进行 Linux 开发的基本。

读者在使用 Ubuntu 时可以使用图形界面的系统做一些操作，当想要更高效地使用 Ubuntu 系统，就可以使用终端命令。一旦熟悉命令的使用方法，开发效率会大大提升。本任务介绍 Ubuntu 各种基本命令，包括用户登录、文件和目录操作、磁盘管理等命令。

相关知识

Ubuntu 基本命令如表 3-1 所示。Ubuntu 的命令可根据不同的标准来分类，若从其与 Shell 程序的关系这一标准来分类，可分为内部命令和外部命令。内部命令常驻内存，是 Shell 程序的一部分，这些命令由 Shell 程序识别并可在其内部运行；外部命令是 Ubuntu 系统中的实用程序，它一般不包含在 Shell 程序中，和内部命令相比，其使用频率较低，因此用户在需要实用程序时再将其调入内存，不像内部命令那样常驻内存。

表 3-1　Ubuntu 基本命令

命令	描述
adduser	添加用户，系统管理员才能添加用户
bye	在 FTP 模式下使用，中断 FTP 连接
cat	输出文件内容
cd	切换工作目录
chgrp	更改文件或目录所属的组
chmod	更改用户对文件的使用权限
chown	更改文件所有者和文件关联组
clear	清空终端屏幕
clock	调整 RTC 时间
cp	复制文件或者目录
date	显示或设定系统的时间和日期
exit	退出当前的 Shell
find	查找指定目录下的文件
grep	限定条件，用于查找文件时限定字符或字符串
groupadd	创建工作组
gzip	压缩文件，压缩后文件扩展名为.gz
ifconfig	显示或设置设备的网络信息
kill	删除运行中的程序
mkdir	创建目录
mount	挂在 Linux 系统外的文件
mv	重命名文件或文件夹、移动文件或文件夹
passwd	修改用户密码

续表

命令	描述
ping	检测主机连通与否
pwd	显示当前工作目录
reboot	重启系统
rm	删除文件或文件夹
rmdir	删除空文件夹
shutdown	关闭系统
sleep	延迟执行动作
su	切换用户
sudo	非管理员用户以管理员身份执行命令
tar	备份文件
telnet	远程登录
touch	创建文件，修改文件的时间属性
tree	以树状图形式列出目录结构
umount	卸载文件系统
unzip	解压缩 ZIP 文件
useradd	创建用户
wc	计算文件字数、行数、字节数
whereis	查找文件
who	显示当前登录系统的用户
whoami	显示当前用户的 ID
whois	查找特定用户信息
zip	用于压缩文件

任务实施

1. 登录命令

本任务介绍 Ubuntu 字符界面下的登录系统、创建用户、修改登录口令、关闭及重启系统等命令。相信读者对图形化操作界面下的登录系统已经有了解了，打开虚拟机时的输入用户口令界面，就是图形化的登录界面。字符界面同图形界面的登录操作没有太大的差别，图形界面的操作登录需要选择登录的用户，以及该用户的口令；字符界面的登录操作同样需要选择用户以及输入口令，只是操作的全程都是使用命令而不是图形。

本任务不详细介绍图形界面的创建用户、修改登录口令操作，同 Windows 系统的用户创建和修改登录口令一样，在用户管理的图形界面内新增和删除用户以及修改某一用户的登录口令。

在图形化界面的右上方的下拉框内，可以选择关闭或者重启系统。

（1）用户登录

用户打开 Ubuntu 系统后默认进入的是图形界面，如图 3-1 所示。

在桌面中单击鼠标右键，选择“Open in Terminal”选项，如图 3-2 所示，或者按“Ctrl+Alt+T”组合键，打开终端。Ubuntu 终端如图 3-3 所示。

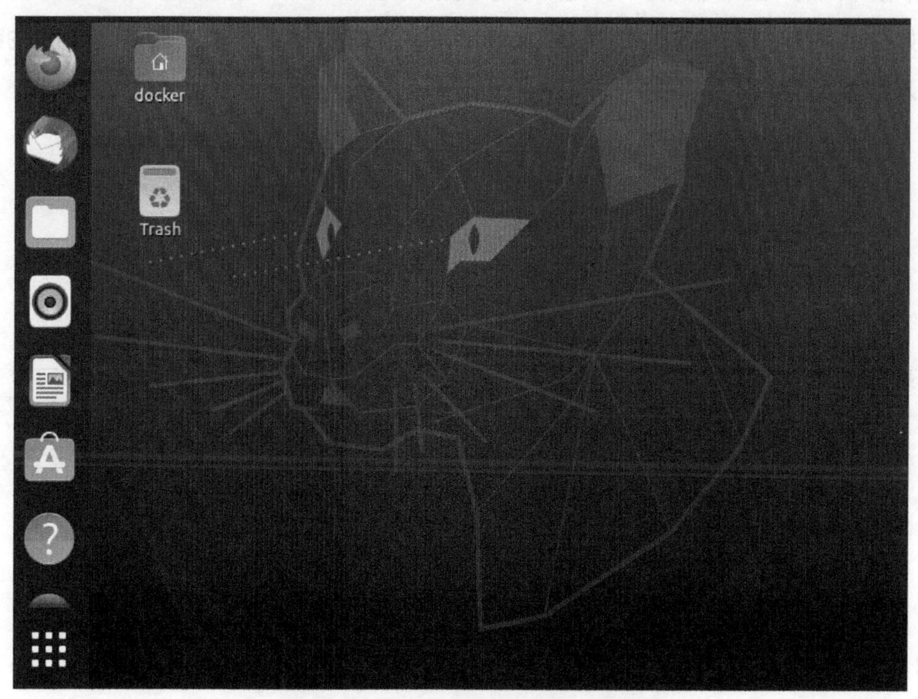

图 3-1　Ubuntu 系统桌面

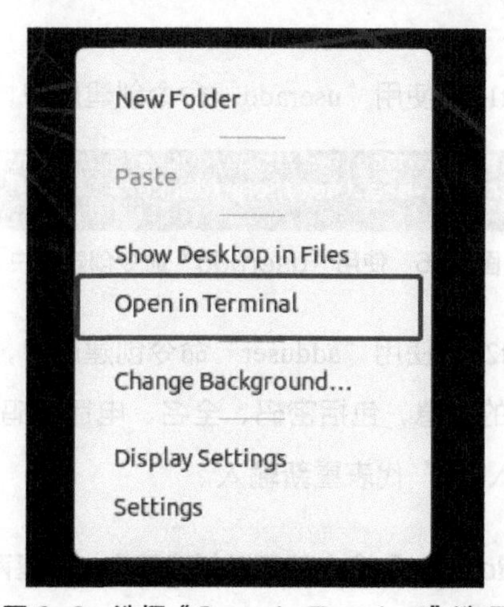

图 3-2　选择“Open in Terminal”选项

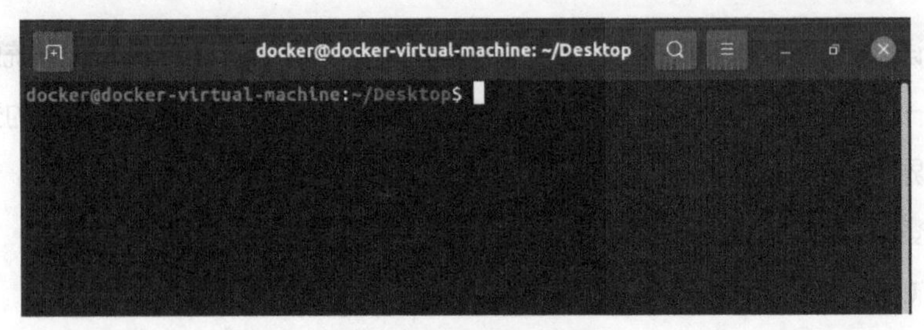

图 3-3　Ubuntu 终端

由于接下来的一些命令只有 root 用户才可以操作，且默认 root 密码是随机的，修改 root 用户密码，如图 3-4 所示，在终端输入“sudo passwd”命令后按“Enter”键，输入当前用户的密码，然后输入两次新的密码。

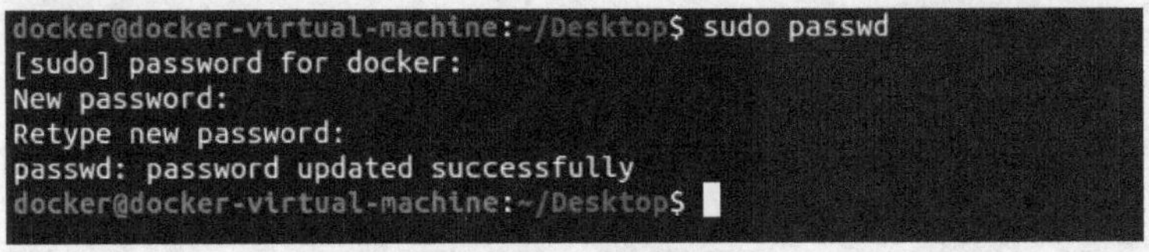

```
docker@docker-virtual-machine:~/Desktop$ sudo passwd
[sudo] password for docker:
New password:
Retype new password:
passwd: password updated successfully
docker@docker-virtual-machine:~/Desktop$
```

图 3-4　修改 root 用户密码

登录 root 用户，如图 3-5 所示，输入“su”命令后按“Enter”键，输入密码即可登录 root 用户。

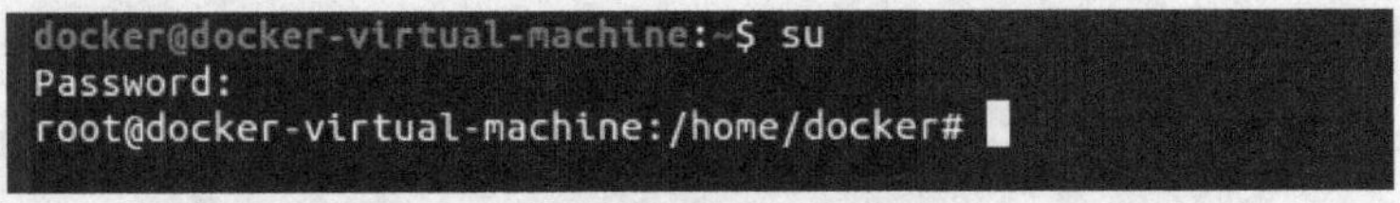

```
docker@docker-virtual-machine:~$ su
Password:
root@docker-virtual-machine:/home/docker#
```

图 3-5　登录 root 用户

（2）创建新用户

通常除了使用默认用户进行日常操作，还需要为其他有可能临时使用该系统的使用者创建一些用户。

① 执行命令“useradd test1”，使用“useradd”命令创建用户，如图 3-6 所示。

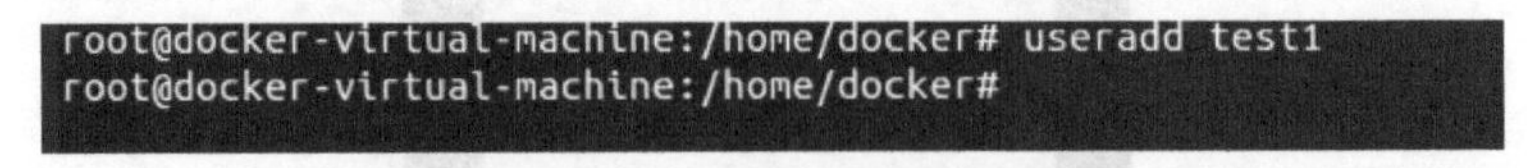

图 3-6　使用“useradd”命令创建用户

② 执行命令“adduser test2”，使用“adduser”命令创建用户，如图 3-7 所示。

根据系统提示输入新用户的信息，包括密码、全名、电话号码等，最后确定是否输入正确，输入“Y”代表确认无误，输入“n”代表重新输入。

注意　“useradd”和“adduser”命令都可以创建用户，但是两者是有区别的。

```
root@docker-virtual-machine:/home/docker# adduser test2
Adding user `test2' ...
Adding new group `test2' (1002) ...
Adding new user `test2' (1002) with group `test2' ...
Creating home directory `/home/test2' ...
Copying files from `/etc/skel' ...
New password:
Retype new password:
passwd: password updated successfully
Changing the user information for test2
Enter the new value, or press ENTER for the default
        Full Name []:
        Room Number []:
        Work Phone []:
        Home Phone []:
        Other []:
Is the information correct? [Y/n] y
root@docker-virtual-machine:/home/docker#
```

图 3-7 使用“adduser”命令创建用户

③ 执行命令“login”，登录和切换用户。

如果由 root 用户切换至 test2 用户，使用“login”命令切换用户，如图 3-8 所示，进入登录界面，输入正确的用户名和密码就可以让对应用户进行操作。

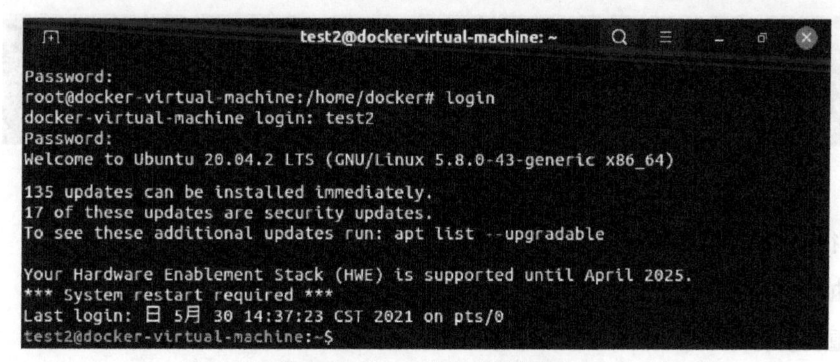

图 3-8 “login”命令切换用户

（3）修改登录口令

在实际使用 Ubuntu 系统时，如果用户需要修改登录口令，可以使用“passwd”命令修改。

执行命令“passwd test1”，成功输入两次新密码，并且新密码与原密码不相同时，出现提示“password updated successfully”，密码修改成功，如图 3-9 所示。

```
root@docker-virtual-machine:/home/docker# passwd test1
New password:
Retype new password:
passwd: password updated successfully
root@docker-virtual-machine:/home/docker#
```

图 3-9 密码修改成功

（4）关闭系统

以直接断掉电源的方式关闭系统，可能会导致进程数据丢失，进而使系统处于不稳定的状态，甚至会损坏硬件设备。

Ubuntu 系统中有一些常用的关机命令，如“shutdown”“halt”“poweroff”。执行以上命令后，系统将会关闭所有进程。

① 执行命令“shutdown -h 5”。

该命令的意思是系统将在 5 分钟之后自动关机。如需取消，在关机之前输入“shutdown -c”即可。设置 5 分钟后关机，如图 3-10 所示。

```
docker@docker-virtual-machine:~/Desktop$ shutdown -h 5
Shutdown scheduled for Sun 2021-05-30 14:59:25 CST, use 'shutdown -c' to cancel
.
docker@docker-virtual-machine:~/Desktop$
```

图 3-10　设置 5 分钟后关机

② 执行命令“halt”。

该命令只有 root 用户才有权限执行，使用“su”命令切换至 root 用户再执行“halt”命令。命令执行成功后，系统将在关闭所有进程后自动关机。“halt”命令关机，如图 3-11 所示。

```
docker@docker-virtual-machine:~/Desktop$ halt
Failed to halt system via logind: Interactive authentication required.
Failed to open initctl fifo: Permission denied
Failed to talk to init daemon.
docker@docker-virtual-machine:~/Desktop$
```

图 3-11　“halt”命令关机

③ 执行命令“poweroff”。

命令执行完毕，系统将自动关机。

（5）重启系统

当需要重启系统时，可以使用以下重启命令中的任意一个：“shutdown -r”“init”“reboot”。

① 执行命令“shutdown -r 5”。

该命令的意思是系统将在 5 分钟之后自动重启。如需取消，可在重启之前输入“shutdown -c”命令。设置 5 分钟后重启，如图 3-12 所示。

```
docker@docker-virtual-machine:~/Desktop$ shutdown -r 5
Shutdown scheduled for Sun 2021-05-30 14:59:43 CST, use 'shutdown -c' to cancel
.
docker@docker-virtual-machine:~/Desktop$
```

图 3-12　设置 5 分钟后重启

② 执行命令“init 6”。

命令执行完毕，系统将自动重启。

"init"命令的参数及功能，如表 3-2 所示，除了参数 6 可以实现重启功能，还有其他几个参数，分别具有不同的功能。

表 3-2 "init"命令的参数及功能

参数	功能
0	停机
1	单用户模式
2	多用户模式
3	完全多用户
4	图形化
5	安全模式
6	重启

③ 执行命令"reboot"。

命令执行完毕，系统将会自动重启。

2. 目录与文件命令

下面介绍目录与文件相关的 Shell 命令，包括显示、更改、创建和删除工作目录，查看目录和文件，创建文件，移动、复制和删除目录或文件的命令。

（1）显示当前工作目录

若用户想知道当前的工作目录，可以使用"pwd"命令来查看。

执行命令"pwd"，显示当前工作目录，如图 3-13 所示。

```
docker@docker-virtual-machine:~/Desktop$ pwd
/home/docker/Desktop
```

图 3-13 显示当前工作目录

（2）更改工作目录

"cd"命令是 Ubuntu 中最为基本的目录操作命令之一，用户可以使用此命令改变当前工作目录，即将当前工作目录切换至"cd"命令的参数指定的目录。

执行命令"cd /"，可以看到，执行命令后成功地将当前目录由"/home/docker/Desktop"改为"/"，更改并查看当前目录，如图 3-14 所示。

```
docker@docker-virtual-machine:~/Desktop$ cd /
docker@docker-virtual-machine:/$ pwd
/
```

图 3-14 更改并查看当前目录

（3）创建工作目录

在字符界面下，我们可以使用"mkdir"命令创建目录，执行成功会在当前目录创建新的目录。

执行命令“mkdir doc1”，创建 doc1 目录，如图 3-15 所示。

```
docker@docker-virtual-machine:~/Desktop$ mkdir doc1
```

图 3-15　创建 doc1 目录

如果当前目录下，想要创建的目录已经存在了，那么该命令将无法执行成功并会给出提示。文件夹已存在的提示如图 3-16 所示。

```
docker@docker-virtual-machine:~/Desktop$ mkdir doc1
docker@docker-virtual-machine:~/Desktop$ mkdir doc1
mkdir: cannot create directory ‘doc1’: File exists
docker@docker-virtual-machine:~/Desktop$
```

图 3-16　文件夹已存在的提示

（4）查看目录和文件

查看目录和文件的命令是“ls”，“ls”命令的输出信息会有彩色高亮，以区分不同类型文件。在“ls”命令后面加上不同选项，可以查看不同信息。查看目录和文件的命令如表 3-3 所示。

表 3-3　查看目录和文件的命令

命令	功能
ls	查看目录和文件
ls -a	查看所有文件（包括以“.”开头的隐藏文件）
ls -i	显示文件索引节点号
ls -l	列出文件详细信息
ls -m	用“,”分隔每个文件和目录名称
ls -R	列出当前工作目录下的所有文件和子目录

（5）删除工作目录

在 Ubuntu 系统中我们可以使用“rmdir”命令删除一个工作目录。

① 首先执行“ls”命令，查看当前目录和文件，如图 3-17 所示。

```
docker@docker-virtual-machine:~/Desktop$ ls
doc1  doc2  doc3  doc4  doc5
```

图 3-17　查看当前目录和文件

② 执行命令“rmdir doc5”，删除工作目录 doc5，如图 3-18 所示。

（6）创建文件

在 Ubuntu 中使用“touch”命令来创建文件。

```
docker@docker-virtual-machine:~/Desktop$ rmdir doc5
docker@docker-virtual-machine:~/Desktop$ ls
doc1  doc2  doc3  doc4
```

图 3-18　删除工作目录

首先使用“ls”命令查看当前目录，没有名为 666 的文件，使用“touch 666”命令创建名为 666 的文件，再查看当前目录。用“touch”命令创建文件，如图 3-19 所示。

```
docker@docker-virtual-machine:~/Desktop$ ls
6666  doc1  doc2  doc3  doc4
docker@docker-virtual-machine:~/Desktop$ touch 666
docker@docker-virtual-machine:~/Desktop$ ls
666  6666  doc1  doc2  doc3  doc4
```

图 3-19　用“touch”命令创建文件

（7）移动目录或文件

在 Ubuntu 系统中想让一个目录或文件移动到另一个目录，可使用“mv”命令。该命令可以把目录或文件移动到指定目录。创建目录、文件与显示目录，如图 3-20 所示。

① 首先创建一个名为 doc666 的文件夹和 666 的文件，命令如下。

```
mkdir doc666
touch 666
```

```
docker@docker-virtual-machine:~/Desktop$ mkdir doc666
docker@docker-virtual-machine:~/Desktop$ touch 666
docker@docker-virtual-machine:~/Desktop$ ls
666  doc1  doc2  doc3  doc4  doc666
docker@docker-virtual-machine:~/Desktop$
```

图 3-20　创建目录、文件与显示目录

② 执行命令“mv 666 doc666”。

使用“ls”命令查看当前目录，使用“cd”命令进入 doc666 目录后，使用“ls”命令查看目录。查看原目录和新目录下的文件，如图 3-21 所示。

```
docker@docker-virtual-machine:~/Desktop$ mv 666 doc666
docker@docker-virtual-machine:~/Desktop$ ls
doc1  doc2  doc3  doc4  doc666
docker@docker-virtual-machine:~/Desktop$ cd doc666
docker@docker-virtual-machine:~/Desktop/doc666$ ls
666
```

图 3-21　查看原目录和新目录下的文件

（8）复制目录或文件

复制是十分重要的操作之一，使用“cp”命令可以复制目录或文件。只有 root 用户才能做复制操作。

① 首先创建 6666 文件。创建文件并查看目录，如图 3-22 所示。

```
root@docker-virtual-machine:/home/docker/Desktop# touch 6666
root@docker-virtual-machine:/home/docker/Desktop# ls
6666  doc1  doc2  doc3  doc4  doc666
root@docker-virtual-machine:/home/docker/Desktop# cd doc666
root@docker-virtual-machine:/home/docker/Desktop/doc666# ls
666
```

图 3-22　创建文件并查看目录

② 执行命令“cp 6666 doc666”。

执行“cp 6666 doc666”命令后，复制文件并查看目录，如图 3-23 所示。

```
root@docker-virtual-machine:/home/docker/Desktop# cp 6666 doc666
root@docker-virtual-machine:/home/docker/Desktop# ls
6666  doc1  doc2  doc3  doc4  doc666
root@docker-virtual-machine:/home/docker/Desktop# cd doc666
root@docker-virtual-machine:/home/docker/Desktop/doc666# ls
666  6666
```

图 3-23　复制文件并查看目录

（9）删除目录或文件

前面我们使用了“rmdir”命令来删除目录，但是这一命令只能删除空目录，如果被删除的目录不是空的，那么将无法使用该命令。

尝试使用“rmdir doc666”命令删除包含文件的目录，会显示“rmdir”命令删除失败的信息，如图 3-24 所示。

```
docker@docker-virtual-machine:~/Desktop$ ls
6666  doc1  doc2  doc3  doc4  doc666
docker@docker-virtual-machine:~/Desktop$ cd doc666
docker@docker-virtual-machine:~/Desktop/doc666$ ls
666  6666
docker@docker-virtual-machine:~/Desktop/doc666$ cd /home/docker/Desktop
docker@docker-virtual-machine:~/Desktop$ rmdir doc666
rmdir: failed to remove 'doc666': Directory not empty
docker@docker-virtual-machine:~/Desktop$
```

图 3-24　“rmdir”命令删除失败的信息

执行命令“rm -rf doc666”。

使用“rm -rf”命令可以删除带有文件的目录，如图 3-25 所示。

```
docker@docker-virtual-machine:~/Desktop$ rm -rf doc666
docker@docker-virtual-machine:~/Desktop$ ls
6666  doc1  doc2  doc3  doc4
```

图 3-25　用“rm -rf”命令删除带有文件的目录

3. 文件内容显示命令

在字符界面下使用 Ubuntu 系统时，我们需要以各种方式显示文件内容，接下来介绍这方面的知识。

（1）创建和显示文件

如果想在系统中创建和显示文件，可以用“cat”命令。

① 首先查看当前目录，不存在名为 ABC 的文件。

② 执行命令“cat > ABC”，创建名为 ABC 的文件。

③ 命令执行成功后用户可以自由地向 ABC 输入内容，输入的内容示例如下。

```
abc
def
ghi
jkl
```

输入完成，按“Ctrl+D”组合键退出编辑。

④ 再次查看当前目录，发现存在名为 ABC 的文件，查看创建的文件如图 3-26 所示。

```
docker@docker-virtual-machine:~/Desktop$ ls
666  6666  doc1  doc2  doc3  doc4
docker@docker-virtual-machine:~/Desktop$ cat > ABC
abc
def
ghi
jkldocker@docker-virtual-machine:~/Desktop$ ls
666  6666  ABC  doc1  doc2  doc3  doc4
```

图 3-26　查看创建的文件

⑤“cat”命令查看文件如图 3-27 所示，执行命令“cat -n ABC”，可对输出的内容以行为单位进行编号。

```
docker@docker-virtual-machine:~/Desktop$ cat -n ABC
     1  abc
     2  def
     3  ghi
     4  jkldocker@docker-virtual-machine:~/Desktop$
```

图 3-27 “cat”命令查看文件

（2）改变文件权限

“chmod”命令可以用来修改文件或文件夹的读写权限。

“chmod”命令的语法为“chmod [u/g/o/a] [+/-/=] [r/w/x] file”，其中：

① u 表示 User，是文件的所有者；g 表示跟 User 同 Group 的用户；o 表示 Other，即其他用户；a 表示 ALL，所有用户。

② +表示增加权限；-表示取消权限；=表示取消之前的权限。

③ r 表示 Read，即读文件；w 表示 Write，即写文件；x 表示执行文件。

也可以用数字的形式表示 chmod 中的权限位，使用 1（执行）、2（写）和 4（读）3 种数值及其任意形式组合来确定权限，其中 1 代表执行权限，2 代表写权限，4 代表读权限。如 5(5=4+1)代表有读取和执行权限，6(6=4+2)代表有读取和写入的权限，7(7=4+2+1)代表有读取、写入和执行的权限。我们以文件所有者 u 的权限为例，解释数值与对应权限的关系。数值及对应权限如表 3-4 所示。

表 3-4 数值及对应权限

独立权限			组合权限		
数值	权限	备注	数值	权限	备注
0	无	无动作	3	wx	执行和写入
1	x	执行	5	rx	读取和执行
2	w	写入	6	rw	读取和写入
4	r	读取	7	rwx	读取、写入和执行

（3）分页往后显示文件

① 创建文件名为 123 的文件并且向其中写入内容，如图 3-28 所示。

图 3-28 创建文件并写入内容

② 执行命令“more 123”。

文件内容并没有被全部显示出来，只显示了全部内容的 89%。使用“more”命令分页显示文件内容，如图 3-29 所示，如果想查看后面的内容，可按“Space”键翻页，使用“more”命令分页并翻页显示文件内容，如图 3-30 所示。

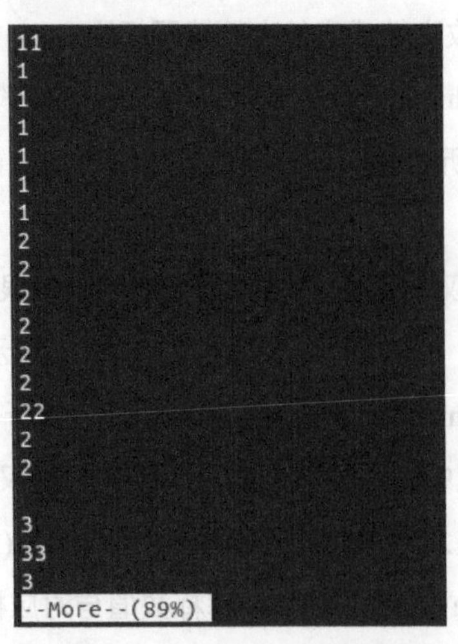

图 3-29 使用“more”命令分页显示文件内容

图 3-30　使用“more”命令分页并翻页显示文件内容

（4）分页自由显示文件

执行命令“less 123”，可以按键盘方向键查看文件内容。使用“less”命令显示文件内容如图 3-31 所示。

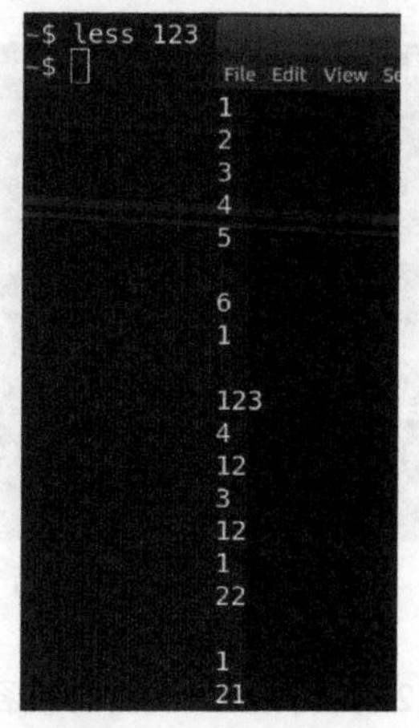

图 3-31　使用“less”命令显示文件内容

（5）指定显示文件前若干行

执行命令“head 123”，默认显示 123 文件的前 10 行内容，如图 3-32 所示。

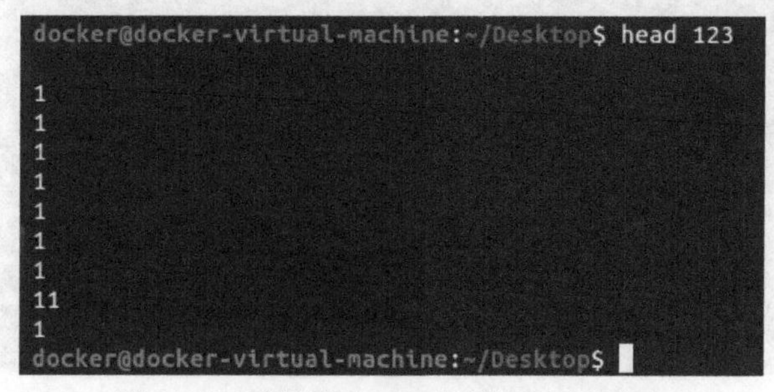

图 3-32　默认显示 123 文件的前 10 行内容

执行命令“head -15 123”，显示 123 文件的前 15 行内容，如图 3-33 所示。

图 3-33　显示 123 文件的前 15 行内容

（6）指定显示文件后若干行

执行命令“tail 123”，默认显示 123 文件的最后 10 行内容，如图 3-34 所示。

图 3-34　默认显示 123 文件的最后 10 行内容

执行命令“tail -15 123”，显示 123 文件的最后 15 行内容，如图 3-35 所示。

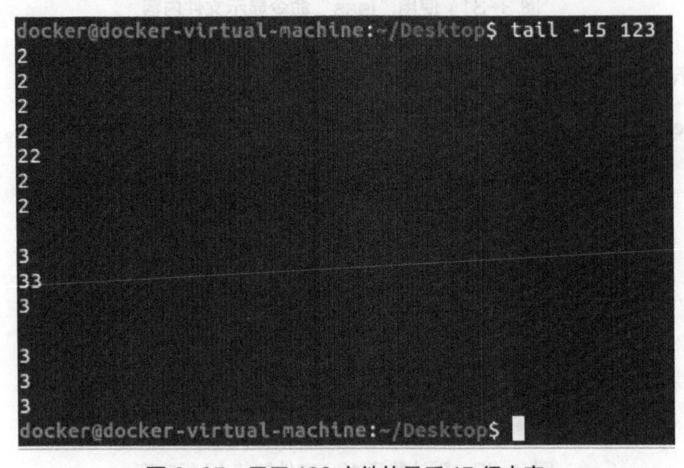

图 3-35　显示 123 文件的最后 15 行内容

4. 文件内容处理命令

我们学习了显示文件内容的一系列命令，接下来继续学习如何处理文件内容，如对文件内容排序、在文件中查找指定内容等。

（1）对文件内容排序

Ubuntu 系统中对文件内容排序的命令是“sort”，它可以将排序结果显示出来。

① 使用“cat”命令，新建 aaa 文件并输入任意内容，如图 3-36 所示。

```
docker@docker-virtual-machine:~/Desktop$ cat > aaa
1
9
8
5
3
4
2
```

图 3-36　新建 aaa 文件并输入任意内容

② 执行命令“sort aaa”。文件内容正序显示，如图 3-37 所示。

```
docker@docker-virtual-machine:~/Desktop$ sort aaa
1
2
3
4
5
8
9
```

图 3-37　文件内容正序显示

③ 执行命令“sort -r aaa”。文件内容倒序显示，如图 3-38 所示。

```
docker@docker-virtual-machine:~/Desktop$ sort -r aaa
9
8
5
4
3
2
1
```

图 3-38　文件内容倒序显示

（2）检查文件中重复内容

检查文件中重复内容的命令是“uniq”，它可以报告或删除文件中重复的行。

① 使用“cat”命令，新建 bbb 文件且输入内容，如图 3-39 所示。

图 3-39　新建 bbb 文件且输入内容

② 执行命令“uniq bbb”。

使用“uniq”命令显示去除重复行后的内容，如图 3-40 所示，可以看见重复的内容只出现了一次。

```
docker@docker-virtual-machine:~/Desktop$ uniq bbb
1
2
3
```

图 3-40 使用“uniq”命令显示去除重复行后的内容

（3）在文件中查找指定内容

① 使用“cat”命令，新建 bbb 文件并输入内容，如图 3-41 所示。

```
docker@docker-virtual-machine:~/Desktop$ cat > bbb
1
1
2
2
3
3
```

图 3-41 新建 bbb 文件并输入内容

② 执行命令“grep '2' bbb”，显示包含“2”的行，如图 3-42 所示。

```
docker@docker-virtual-machine:~/Desktop$ grep '2' bbb
2
2
```

图 3-42 显示包含“2”的行

③ 执行命令“grep -c '3' bbb”，只显示包含“3”的行的总数，如图 3-43 所示。

```
docker@docker-virtual-machine:~/Desktop$ grep -c '3' bbb
2
```

图 3-43 只显示包含“3”的行的总数

（4）剪切文件内容

“cut”是 Ubuntu 中最常用的命令之一，它负责剪切数据。

① 使用“cat”命令，新建 test01 文件并输入数据，如图 3-44 所示。

```
docker@docker-virtual-machine:~/Desktop$ cat > test01
abc
abc
abc
```

图 3-44 新建 test01 文件并输入数据

② 执行命令“cut -b 2 test01”，截取每行的第二个字符，如图 3-45 所示。

```
docker@docker-virtual-machine:~/Desktop$ cut -b 2 test01
b
b
b
```

图 3-45 截取每行的第二个字符

③ 执行命令“cut -c 3 test01”，截取每行的第三个字符，如图 3-46 所示。

```
docker@docker-virtual-machine:~/Desktop$ cut -c 3 test01
c
c
c
```

图 3-46 截取每行的第三个字符

（5）粘贴文件内容

如果要粘贴文件的内容，我们可以使用“paste”命令。

① 使用“cat”命令创建 test02、test03 文件，如图 3-47 所示，并向其中输入内容。

```
docker@docker-virtual-machine:~/Desktop$ cat > test02
123
abc
docker@docker-virtual-machine:~/Desktop$ cat > test03
456
def
```

图 3-47 创建 test02、test03 文件并输入内容

② 执行命令“paste test02 test03”，将 test03 的内容粘贴到 test02，如图 3-48 所示。

```
docker@docker-virtual-machine:~/Desktop$ paste test02 test03
123     456
abc     def
```

图 3-48 test03 的内容粘贴到 test02

（6）统计文件内容

Ubuntu 系统中“wc”命令的功能为统计指定文件中的字符数、单词数和行数，并将统计结果显示、输出，“wc”命令及其功能如表 3-5 所示。

表 3-5 “wc”命令及其功能

命令	功能
wc	统计文件中的字符数、单词数和行数
wc -c	统计文件中的字符数
wc -w	统计文件中的单词数
wc -l	统计文件中的行数

5. 文件查找命令

Ubuntu 系统由成千上万的文件组成，在日常使用 Ubuntu 时必须熟练掌握文件查找方法，包括在硬盘和数据库中查找文件或目录及其位置等。对于 Windows 系统图形化查找文件的界面，读者应该有一定的了解；Windows 10 系统的文件资源管理器界面的右上角有搜索框，可以按文件名搜索文件，如果磁盘中存储的数据量过大，搜索的时间则会比较久。在 Ubuntu 系统中，我们可以在终端中使用命令搜索磁盘中的文件。

（1）在硬盘上查找文件或目录

如果我们想要在本地磁盘中搜索文件或目录，可以使用“find”命令完成这一操作，“find”

命令及其功能如表 3-6 所示。

表 3-6 “find”命令及其功能

命令	功能
find -name “a*”	搜索当前目录下所有以“a”开头的文件
find -atime -1	搜索一天之内被存取过的文件
find / -empty	查找在系统中为空的文件或目录
find / -user user01	查找在系统中属于用户 user01 的文件

（2）在数据库中查找文件或目录

“locate”命令用于查找文件，它的搜索速度比“find”命令快，让使用者能更快速地搜索指定文件。“locate”命令及其功能，如表 3-7 所示。

表 3-7 “locate”命令及其功能

命令	功能
locate /user01/a	查找 user01 目录下所有以“a”开头的文件
locate -r a$	搜索所有以“a”结尾的文件

（3）查找指定文件的位置

“whereis”命令会在特定目录中查找符合条件的文件。这些文件只能是源代码、二进制文件，或者是帮助文件。

执行命令“whereis ls”。

使用“whereis”命令查找命令“ls”的位置，如图 3-49 所示。

```
docker@docker-virtual-machine:~/Desktop$ whereis ls
ls: /usr/bin/ls /usr/share/man/man1/ls.1.gz
```

图 3-49 查找命令“ls”的位置

6. 磁盘管理命令

（1）检查磁盘空间占用情况

检查磁盘空间占用情况的命令是“df”，使用该命令还可以显示文件系统的类型等信息。“df”命令及其功能如表 3-8 所示。

表 3-8 “df”命令及其功能

命令	功能
df -h	显示磁盘空间
df -T	显示文件系统的类型
df -t ext4	查看选定文件系统的磁盘信息
df -x ext4	不显示选定文件系统的磁盘信息

（2）统计目录或文件所占磁盘空间大小

在 Ubuntu 系统中查看目录文件所占磁盘空间大小的命令是“du”。“du”命令及其功能如表 3-9 所示。

表 3-9 “du”命令及其功能

命令	功能
du -h test01	以可读方式查看 test01 目录占用的磁盘空间大小
du -a test01	查看 test01 目录及子目录和文件（包括隐藏文件）占用的磁盘空间大小
du -s test01	查看 test01 目录占用的磁盘空间总大小

7. Vi 编辑器

Vi 编辑器的全称是 Visual Editor。我们可以在其中实现修改、删除、查找和替换文本等文本操作。由于之后的一些实验会用到 Vi 编辑器，所以在本任务中简单介绍 Vi 编辑器。在终端中，使用“vi”命令打开 Vi 编辑器并修改文件内容。“vi”命令的参数是文件名，如“vi testfile”。

（1）命令模式

在命令模式下，可通过从键盘上输入相关命令，控制屏幕光标的移动，删除字符、字或行的内容，撤销文本的修改，移动和复制某区段等，以及进入插入模式或底线模式。命令模式如图 3-50 所示，底部介绍该文档的行数以及字节数。

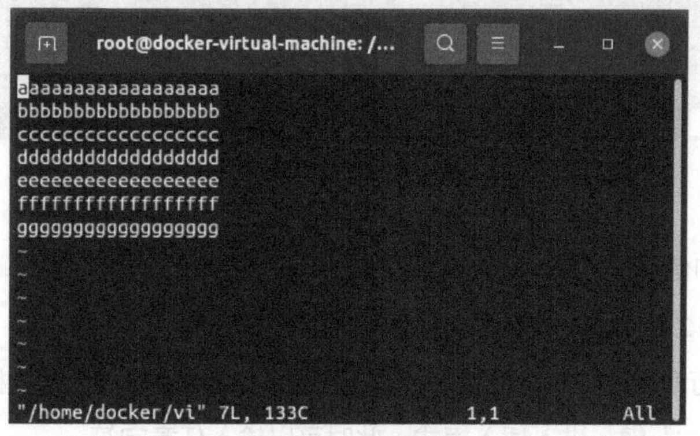

图 3-50 命令模式

（2）插入模式

只有在插入模式下，才可以编辑文字。在插入模式下，任何字符都将被当作文本输入文件中，按“Esc”键可返回命令模式。插入模式如图 3-51 所示，底部显示 INSERT 即表示现在为插入模式。

（3）底线模式

底线模式具有一些编辑文字的辅助功能，如字符串搜索或替换、保存文件等操作，也有书将底线模式归入命令模式中，即认为 Vi 的操作模式大致分为两种。在底线模式下，输入的命令都在屏幕的最下方，按“Enter”键即可执行。底线模式如图 3-52 所示。

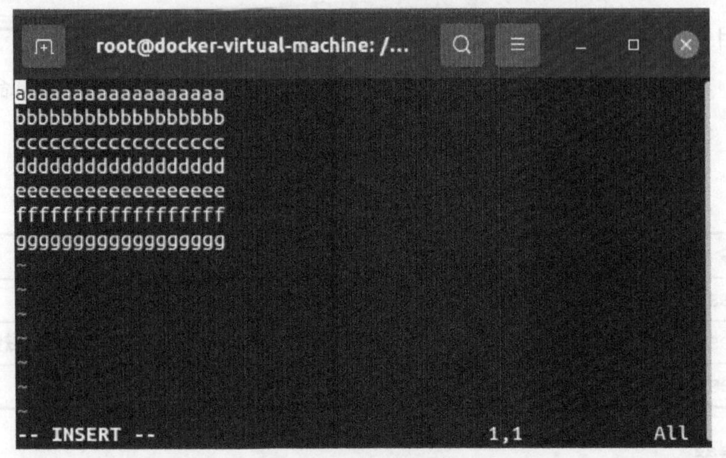

图 3-51　插入模式

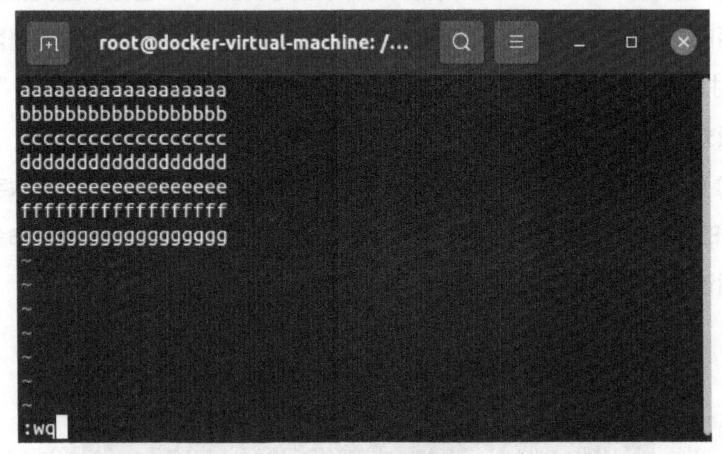

图 3-52　底线模式

（4）Vi 编辑器的使用

以编辑名为 abc123 的文件为例。

① 在终端中执行命令“vi abc123”，进入 Vi 编辑器。此时编辑器以命令模式打开文件 abc123。

② 按键盘上的“i”键，进入插入模式，此时可以输入任意字符。

③ 输入完毕，按“Esc”键进入命令模式。

④ 执行命令“:wq”即可保存并退出文件编辑。

任务 3.2　配置网络和防火墙

工作任务

虚拟机要跟物理机通信，需要配置虚拟机的网络以及防火墙。虚拟机的网络配置可以让虚拟机跟互联网隔绝，只能同物理机相互通信，也可以让虚拟机连接互联网。防火墙可以限制物理机和虚拟机之间的通信，不过这仅仅是防火墙的作用之一。

本任务介绍虚拟机的网络和防火墙配置以及相关知识。

相关知识

1. 防火墙

“防火墙”顾名思义，是一道能够防止火焰蔓延的墙。在网络空间里，这团“火”就是指肆意破坏计算机和服务器，造成多数人的资料泄露、信息泄露，造成公司企业的经济损失、劫持企业的系统讹诈赎金等的计算机病毒。防火墙的作用就是防止这团“火”蔓延到被保护的内部网络，隔离内部网络和外部网络，控制访问策略。内网的用户可以相对自由地访问外网，外网想要访问内网，需要经过筛查，或者通过专用通道，如虚拟专用网络（Virtual Private Network，VPN）进行访问。

防火墙集合了软件和硬件的资源，包含防火墙软件、操作系统和服务器。防火墙的规则可以过滤非法的、不安全的访问，以及阻止非内网用户、非法用户访问内部网络。常见的防火墙应用是 Web 服务，提供 Web 服务的服务器大部分都会利用防火墙以防止来自外部对服务器的攻击，能够阻止如分布式拒绝服务（Distributed Denial of Service，DDoS）攻击一类让服务器瘫痪的攻击。

防范病毒也在防火墙的工作范围之内，只不过病毒更新迭代的速度太快，安全工作仅仅交给防火墙还不足以抵挡日新月异的病毒劫持、攻击，因此专门的安全团队对于一个依靠互联网产业营利的企业，是必不可少的。

下面介绍有关防火墙的一些配置命令。

2. 安装防火墙

Ubuntu 20.04 一般都默认安装了简易防火墙（Uncomplicated Firewall，UFW），它是一款轻量化的工具，主要用于对输入和输出的流量进行监控。如果没有安装 UFW，请用下面的命令安装。

```
sudo apt install ufw
```

防火墙安装完成后，默认没有开启，需要手动开启。可以输入“sudo ufw status verbose”命令查看防火墙是否开启，系统提示“status：inactive”表示防火墙没有开启，下面启用防火墙。

3. 启用防火墙

在终端中输入如下命令。

```
sudo ufw enable
sudo ufw default deny
```

第一条命令的作用是开启防火墙，第二条命令的作用则是设置防火墙在系统启动时自动开启。再次输入“sudo ufw status verbose”命令查看防火墙的开启状态，系统提示“status：active”则表示成功开启防火墙。

4. 开启/关闭相应服务

一般的用户，只需设置如下 3 条命令，就已经足够安全。

```
sudo apt install ufw
sudo ufw enable
sudo ufw default deny
```

如果需要开启某些服务，则使用“sudo ufw allow”命令，举例如下。

```
sudo ufw allow | deny [service]
```

打开或关闭某个端口，例如。

（1）sudo ufw allow 53：允许外部访问 53 端口（TCP/UDP）。

（2）sudo ufw allow 3690：允许外部访问 3690 端口（SVN）。

（3）sudo ufw allow from 192.168.1.111：允许此 IP 访问所有的本机端口。

（4）sudo ufw allow proto tcp from 192.168.0.0/24 to any port 22：允许指定的 IP 段访问特定端口。

（5）sudo ufw delete allow smtp：删除上面建立的某条规则，如关闭 SVN 端口就是“sudo ufw delete allow 3690”。

任务实施

1. 网络配置

（1）编辑虚拟机网络编辑器，首先打开 VMware Workstation 软件，单击菜单栏的“编辑”按钮，单击“虚拟网络编辑器”选项，如图 3-53 所示。

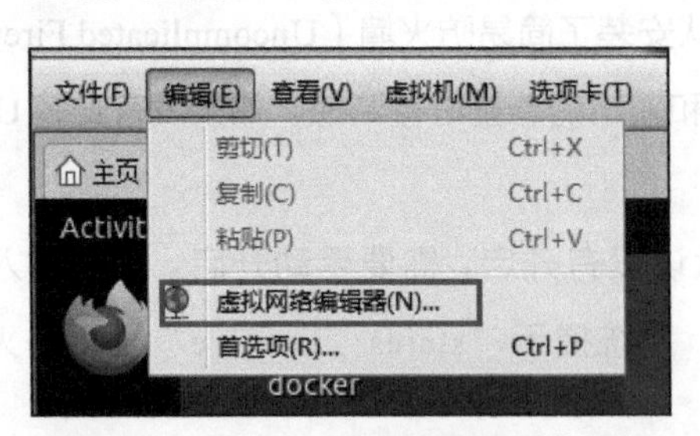

图 3-53 单击“虚拟网络编辑器”选项

（2）“虚拟网络编辑器”对话框，如图 3-54 所示。选择 VMnet8，取消勾选“使用本地 DHCP 服务将 IP 地址分配给虚拟机”选项，再单击“NAT 设置”按钮进入“NAT 设置”对话框。

（3）网关是连接两个网络的大门或者说关口，是让虚拟机通过物理机连接互联网的关键一环。输入网关 IP，按照自己计算机的情况来输入。这里以输入 192.168.88.2 为例，“NAT 设置”对话框如图 3-55 所示。此外还可以设置端口转发的规则，通过端口转发访问互联网。

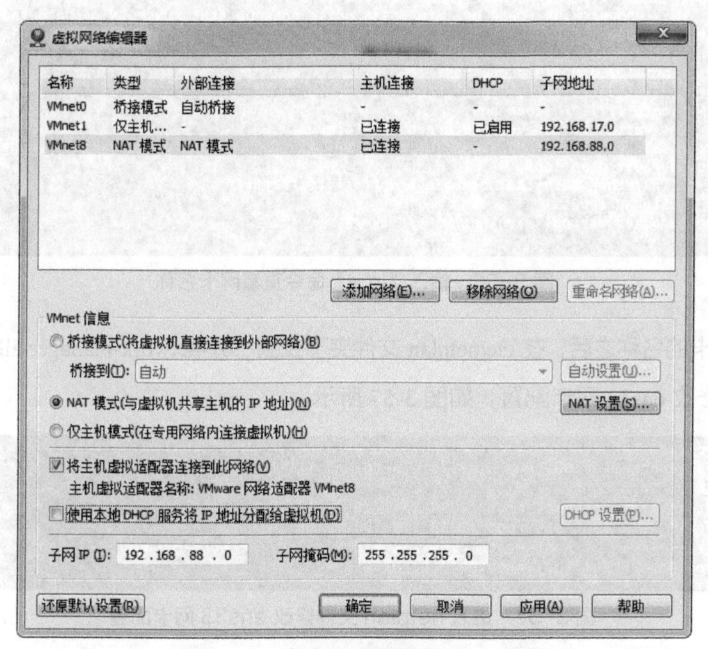

图 3-54 “虚拟网络编辑器”对话框

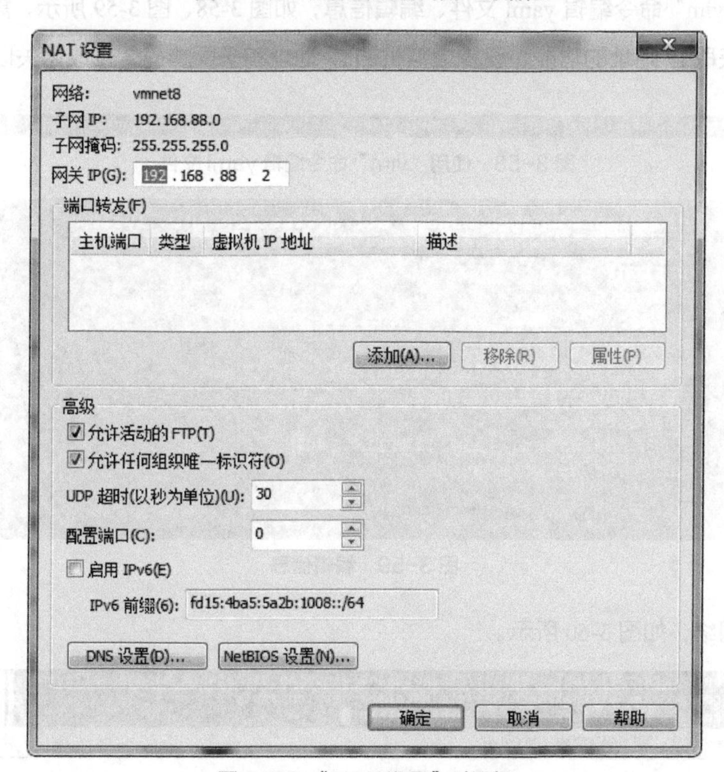

图 3-55 “NAT 设置”对话框

（4）进入虚拟机，切换为 root 用户。输入“ip a”命令查看网卡名称，如图 3-56 所示，其中 ens33 是我们使用的网卡。

```
root@docker-virtual-machine:/home/docker# ip a
1: lo: <LOOPBACK,UP,LOWER_UP> mtu 65536 qdisc noqueue state UNKNOWN group defau
lt qlen 1000
    link/loopback 00:00:00:00:00:00 brd 00:00:00:00:00:00
    inet 127.0.0.1/8 scope host lo
       valid_lft forever preferred_lft forever
    inet6 ::1/128 scope host
       valid_lft forever preferred_lft forever
2: ens33: <BROADCAST,MULTICAST,UP,LOWER_UP> mtu 1500 qdisc fq_codel state UP gr
oup default qlen 1000
    link/ether 00:0c:29:bb:ab:2e brd ff:ff:ff:ff:ff:ff
    altname enp2s1
root@docker-virtual-machine:/home/docker#
```

图 3-56 输入“ip a”命令查看网卡名称

（5）找到网卡的名称之后，在/etc/netplan 文件夹下找到“01-network-manager-all.yaml”文件，进入 netplan 文件修改 ens33 网卡配置，如图 3-57 所示。

```
root@docker-virtual-machine:/home/docker# cd /etc/netplan/
root@docker-virtual-machine:/etc/netplan# ll
total 20
drwxr-xr-x   2 root root  4096 2月  10 02:57 ./
drwxr-xr-x 130 root root 12288 5月  30 22:08 ../
-rw-r--r--   1 root root   104 2月  10 02:57 01-network-manager-all.yaml
root@docker-virtual-machine:/etc/netplan#
```

图 3-57 进入 netplan 文件修改 ens33 网卡配置

（6）使用“vim”命令编辑 yaml 文件、编辑信息，如图 3-58、图 3-59 所示，需要修改的是关闭 DHCP 自动获取 IP 地址的功能、设置虚拟机的 IP 地址和子网掩码、修改网关以及 DNS。

```
root@docker-virtual-machine:/etc/netplan# vim.tiny 01-network-manager-all.yaml
```

图 3-58 使用“vim”命令编辑 yaml 文件

```
# Let NetworkManager manage all devices on this system
network:
  version: 2
  ethernets:
   ens33:  网卡名称
    dhcp4: no   不自动获取IP地址
    addresses: [192.168.88.88/24]  IP地址与掩码
    gateway4: 192.168.88.2  网关
    nameservers:
        addresses: [114.114.114.144]  DNS
  renderer: NetworkManager
~
~
```

图 3-59 编辑信息

（7）重启网络，如图 3-60 所示。

```
root@docker-virtual-machine:/etc/netplan# vim.tiny 01-network-manager-all.yaml
root@docker-virtual-machine:/etc/netplan# netplan apply
root@docker-virtual-machine:/etc/netplan#
```

图 3-60 重启网络

（8）检查是否成功，用“ping”命令测试本机地址是否能成功通信，如图 3-61 所示。测试网关的连通性，如图 3-62 所示。测试访问外网的结果，如图 3-63 所示。

```
root@docker-virtual-machine:/home/docker# ping 192.168.88.88
PING 192.168.88.88 (192.168.88.88) 56(84) bytes of data.
64 bytes from 192.168.88.88: icmp_seq=1 ttl=64 time=0.094 ms
64 bytes from 192.168.88.88: icmp_seq=2 ttl=64 time=0.027 ms
^C
--- 192.168.88.88 ping statistics ---
2 packets transmitted, 2 received, 0% packet loss, time 1008ms
rtt min/avg/max/mdev = 0.027/0.060/0.094/0.033 ms
root@docker-virtual-machine:/home/docker#
```

图 3-61　用“ping”命令测试本机地址是否能成功通信

```
root@docker-virtual-machine:/etc/netplan# ping 192.168.88.2
PING 192.168.88.2 (192.168.88.2) 56(84) bytes of data.
64 bytes from 192.168.88.2: icmp_seq=1 ttl=128 time=0.221 ms
64 bytes from 192.168.88.2: icmp_seq=2 ttl=128 time=0.318 ms
^C
--- 192.168.88.2 ping statistics ---
2 packets transmitted, 2 received, 0% packet loss, time 1025ms
rtt min/avg/max/mdev = 0.221/0.269/0.318/0.048 ms
root@docker-virtual-machine:/etc/netplan#
```

图 3-62　测试网关的连通性

```
root@docker-virtual-machine:/home/docker# ping qq.com
PING qq.com (112.53.26.232) 56(84) bytes of data.
64 bytes from 112.53.26.232 (112.53.26.232): icmp_seq=1 ttl=128 time=8.10 ms
64 bytes from 112.53.26.232 (112.53.26.232): icmp_seq=2 ttl=128 time=7.90 ms
^C
--- qq.com ping statistics ---
2 packets transmitted, 2 received, 0% packet loss, time 1002ms
rtt min/avg/max/mdev = 7.903/7.999/8.096/0.096 ms
```

图 3-63　测试访问外网的结果

2. 防火墙配置

在此处要把防火墙关闭。关闭防火墙是为了让之后的操作能够顺利进行。安装完 Ubuntu 系统后，其防火墙默认状态就是关闭的，保险起见可以输入命令检查一下防火墙状态。

（1）输入“sudo ufw status verbose”命令，如果提示“inactive”，防火墙为关闭状态，如图 3-64 所示。此时无须再进行其他操作。

```
root@docker-virtual-machine:/home/docker# sudo ufw status verbose
Status: inactive
root@docker-virtual-machine:/home/docker#
```

图 3-64　防火墙为关闭状态

（2）输入“sudo ufw status verbose”命令，如果提示“active”，防火墙为开启状态，如图 3-65 所示。

（3）此时，只需要输入“sudo ufw disable”关闭防火墙，再检查状态提示“inactive”。防火墙成功关闭、检查防火墙，如图 3-66、图 3-67 所示。

```
root@docker-virtual-machine:/home/docker# sudo ufw status verbose
Status: active
Logging: on (low)
Default: deny (incoming), allow (outgoing), disabled (routed)
New profiles: skip
root@docker-virtual-machine:/home/docker#
```

图 3-65　防火墙为开启状态

```
root@docker-virtual-machine:/home/docker# sudo ufw disable
Firewall stopped and disabled on system startup
root@docker-virtual-machine:/home/docker#
```

图 3-66　防火墙成功关闭

```
root@docker-virtual-machine:/home/docker# sudo ufw status verbose
Status: inactive
root@docker-virtual-machine:/home/docker#
```

图 3-67　检查防火墙

任务 3.3　部署文件传输服务

工作任务

当两台计算机之间想要交换文件，或者一台计算机想从另一台计算机上获取文件，利用文件传输协议（FTP）传输文件是常用的做法。在同一个局域网内，用 FTP 传输文件可以比通过介质（如 U 盘、移动硬盘等）更加方便。

本任务介绍如何在 Ubuntu 系统上搭建 FTP 服务。

相关知识

1. FTP

通俗地说，FTP 是一种数据传输协议，负责交换计算机上的数据与服务器数据，如要将在计算机中制作的网站程序传到服务器上，就需要使用 FTP 工具，将数据从计算机传送到服务器。专业地说，FTP 是 TCP/IP 网络上两台计算机传送文件的协议，FTP 是在 TCP/IP 网络和 Internet 上最早使用的协议之一，它工作在网络协议组的应用层。FTP 客户机可以给服务器发出命令来下载文件、上传文件、创建或改变服务器上的目录。其实，客户机与服务器是一样的，只是服务器上安装的是服务器系统，并且对稳定性与质量的要求高些，因为服务器一般放在如电信公司等机房中，24 小时开机，这样用户才可以一直访问服务器中的相关信息。

2. FTP 服务器

可以在用户的计算机中安装 FTP 工具，用于将计算机中的数据传输到服务器。接收数据的服务器就被称为 FTP 服务器，而用户的计算机被称为客户机。简单地说，FTP 服务器就是一台存储文件的服务器，供用户上传或下载文件。

任务实施

文件传输服务就是我们平时所说的 FTP 服务，接下来我们在 Ubuntu 20.04 系统搭建一个 FTP 服务器，使用户可以向其上传和下载文件。具体实施步骤如下。

（1）首先要安装 vsftp，执行命令“apt install vsftpd”，成功安装 vsftp，如图 3-68 所示。

```
root@docker-virtual-machine:/home/docker# apt install vsftpd
Reading package lists... Done
Building dependency tree
Reading state information... Done
The following NEW packages will be installed:
  vsftpd
0 upgraded, 1 newly installed, 0 to remove and 204 not upgraded.
Need to get 115 kB of archives.
After this operation, 338 kB of additional disk space will be used.
Get:1 http://cn.archive.ubuntu.com/ubuntu focal/main amd64 vsftpd amd64 3.0.3-1
2 [115 kB]
Fetched 115 kB in 1s (90.9 kB/s)
Preconfiguring packages ...
Selecting previously unselected package vsftpd.
(Reading database ... 146832 files and directories currently installed.)
Preparing to unpack .../vsftpd_3.0.3-12_amd64.deb ...
Unpacking vsftpd (3.0.3-12) ...
Setting up vsftpd (3.0.3-12) ...
Created symlink /etc/systemd/system/multi-user.target.wants/vsftpd.service →/l
ib/systemd/system/vsftpd.service.
vsftpd.conf:1: Line references path below legacy directory /var/run/, updating
/var/run/vsftpd/empty → /run/vsftpd/empty; please update the tmpfiles.d/ drop-i
n file accordingly.
Processing triggers for man-db (2.9.1-1) ...
Processing triggers for systemd (245.4-4ubuntu3.4) ...
root@docker-virtual-machine:/home/docker# 
```

图 3-68　成功安装 vsftp

（2）创建一个用户，用于登录 FTP 服务器，执行命令“adduser ftpuser1”，创建 ftpuser1 用户，如图 3-69 所示。

```
root@docker-virtual-machine:/home/docker# adduser ftpuser1
Adding user `ftpuser1' ...
Adding new group `ftpuser1' (1001) ...
Adding new user `ftpuser1' (1001) with group `ftpuser1' ...
Creating home directory `/home/ftpuser1' ...
Copying files from `/etc/skel' ...
New password:
Retype new password:
passwd: password updated successfully
Changing the user information for ftpuser1
Enter the new value, or press ENTER for the default
        Full Name []:
        Room Number []:
        Work Phone []:
        Home Phone []:
        Other []:
Is the information correct? [Y/n] y
```

图 3-69　创建 ftpuser1 用户

（3）在/etc 目录下创建文件 allowed_users，用于存储允许登录 FTP 服务器的本地用户，执行命令“echo 'ftpuser1' >> /etc/allowed_users”。创建文件并添加允许访问 FTP 服务器的用户，如图 3-70 所示。

```
root@docker-virtual-machine:/etc# echo 'ftpuser1' >> /etc/allowed_users
root@docker-virtual-machine:/etc#
```

图 3-70　创建文件并添加允许访问 FTP 服务器的用户

（4）执行命令“vim /etc/vsftpd.conf”，打开 FTP 配置文件，如图 3-71 所示。

```
root@docker-virtual-machine:/etc# vim /etc/vsftpd.conf
root@docker-virtual-machine:/etc#
```

图 3-71　打开 FTP 配置文件

打开 FTP 配置文件添加以下内容。

```
anonymous_enable=NO
userlist_deny=NO
userlist_enable=YES
userlist_file=/etc/allowed_users
```

（5）执行命令“service vsftpd restart”“service vsftpd status”，系统显示“active（running）”说明服务已经启动。重启 FTP 服务器并查看状态，如图 3-72 所示。

```
root@docker-virtual-machine:/etc# service vsftpd restart
root@docker-virtual-machine:/etc# service vsftpd status
● vsftpd.service - vsftpd FTP server
     Loaded: loaded (/lib/systemd/system/vsftpd.service; enabled; vendor prese>
     Active: active (running) since Mon 2021-05-31 19:02:06 CST; 14s ago
    Process: 3736 ExecStartPre=/bin/mkdir -p /var/run/vsftpd/empty (code=exite>
   Main PID: 3737 (vsftpd)
      Tasks: 1 (limit: 4620)
     Memory: 712.0K
     CGroup: /system.slice/vsftpd.service
             └─3737 /usr/sbin/vsftpd /etc/vsftpd.conf

5月 31 19:02:06 docker-virtual-machine systemd[1]: Starting vsftpd FTP server.>
5月 31 19:02:06 docker-virtual-machine systemd[1]: Started vsftpd FTP server.
lines 1-12/12 (END)
```

图 3-72　重启 FTP 服务器并查看状态

（6）在浏览器中输入本机地址，输入之前创建的用户名和密码，如图 3-73 所示。登录成功后，进入 FTP 传输文件夹，如图 3-74 所示。

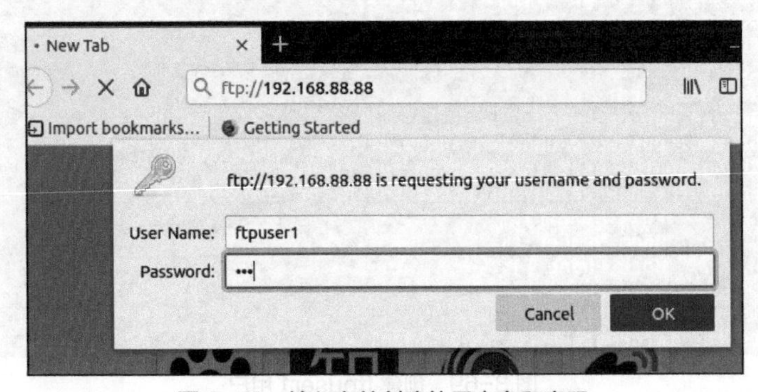

图 3-73　输入之前创建的用户名和密码

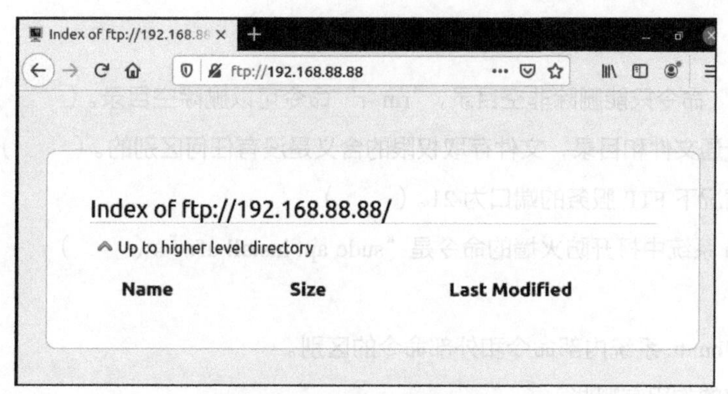

图 3-74　进入 FTP 传输文件夹

项目小结

本项目仅介绍了 Ubuntu 系统中最为常用的一些命令，大致包括登录、关闭和重启系统；文件和目录的创建与删除；文件内容的查找、剪切、粘贴；在磁盘中和数据库中查找文件或目录、查找文件位置等相关命令。接下来还详细介绍了如何给计算机配置静态的 IP 地址，以及搭建 FTP 服务器。

思考与训练

1. 选择题

（1）普通用户打开中终端后，使用（　　）命令可以切换至 root 用户。

A. login　　B. su　　C. adduser　　D. halt

（2）Ubuntu 系统的文件不包括（　　）权限。

A. 删除　　B. 执行　　C. 读取　　D. 写入

（3）以下能执行关机的命令有（　　）。

A. poweroff　　B. shutdown –r　　C. halt　　D. shutdown -h

（4）文件传输服务的英文缩写是（　　）。

A. DNS　　B. DHCP　　C. FTP　　D. WWW

（5）关于防火墙的描述不正确的是（　　）。

A. 防火墙不能防止内部攻击

B. 如果一个公司信息安全制度不明确，拥有再好的防火墙也没有用

C. 防火墙可以防止伪装成外部信任主机的 IP 地址欺骗

D. 防火墙可以防止伪装成内部信任主机的 IP 地址欺骗

2．判断题

（1）“rmdir”命令只能删除非空目录，“rm -r”命令可以删除空目录。（　　）

（2）对于普通文件和目录，文件存取权限的含义是没有任何区别的。（　　）

（3）一般情况下 FTP 服务的端口为 21。（　　）

（4）Ubuntu 系统中打开防火墙的命令是“sudo apt install ufw”。（　　）

3．简答题

（1）简述 Ubuntu 系统内部命令和外部命令的区别。

（2）防火墙的作用有哪些？

（3）什么是 FTP 服务？

项目4
Ubuntu云容器的部署

 问题引入

项目 1 讲解了云容器的相关知识，项目 2 和项目 3 介绍了 Ubuntu 系统和关于 Ubuntu 系统的配置、基本命令等内容。本项目将从实践层面讲解如何准备云容器和部署云容器服务。

知识目标

1. 了解云容器与虚拟机
2. 了解私有仓库

技能目标

1. 掌握部署云容器环境
2. 掌握云容器服务安装
3. 掌握私有仓库部署方法

项目 4　Ubuntu 云容器的部署

思路指导

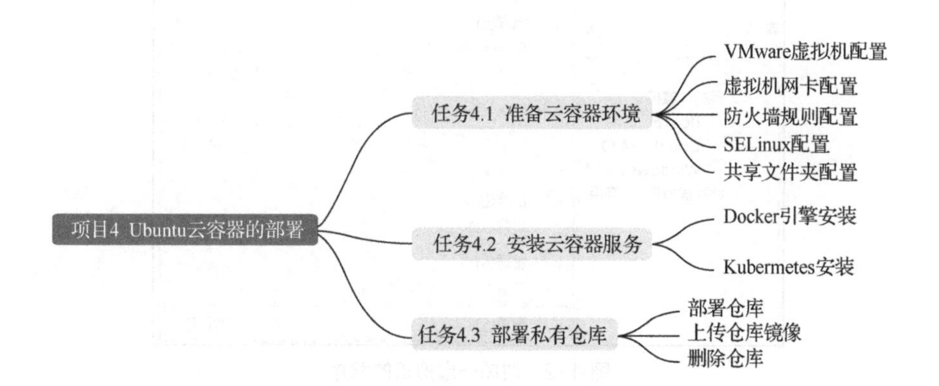

任务 4.1 准备云容器环境

工作任务

环境对人来说，有居住环境、工作环境、生活环境等，这些都是人周围的事物，人的生存需要有这些环境的支持。对容器来说也类似，如果没有为容器提供基础的平台，即给容器提供生存的环境，它就无法工作。因此，在云容器的安装、部署、应用开发等工作之前，需要准备能够让容器正常工作的环境。

在所有的工作开始之前，需要完成的一项基本任务就是搭建云容器的环境。读者需要注意的是，容器内没有操作系统，而容器是需要运行在操作系统之上的，就像虚拟机，在运行虚拟机之前需要有能够支持运行虚拟机的系统。

相关知识

在虚拟机上部署、开发和测试应用，都离不开对虚拟机配置的设置。虚拟机的灵活性也体现在它的配置当中，VMware Workstation 的配置有两种，一种是对 VMware Workstation 的配置，如图 4-1 所示，一种是对单一虚拟机的配置，如图 4-2 所示。

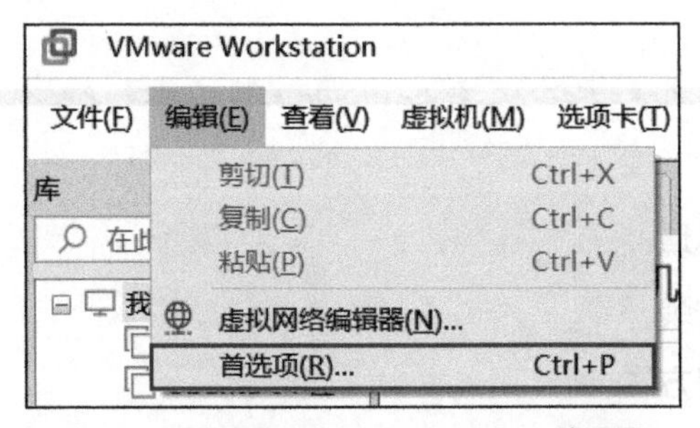

图 4-1 对 VMware Workstation 的配置

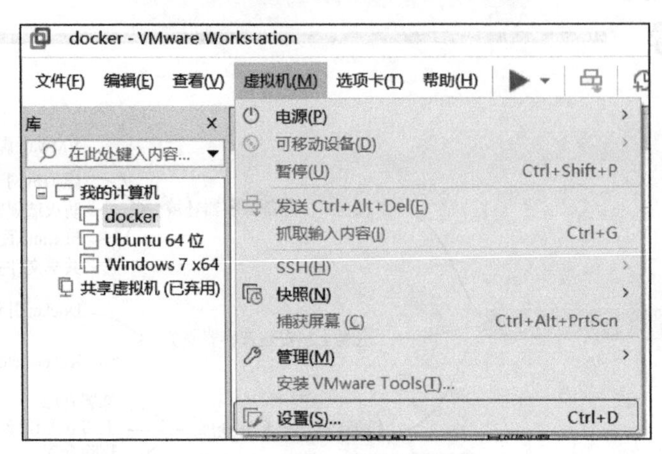

图 4-2 对单一虚拟机的配置

1. VMware Workstation 的配置

在“编辑-首选项”中设置的是 VMware Workstation 本身，在“首选项”对话框内可以设置的内容有工作区、热键、显示等。在这一部分给读者展示的是常用的设置，其余的设置读者可以自行摸索。工作区设置界面如图 4-3 所示。在工作区设置界面中，可以选择虚拟机的默认位置。一旦设置了默认位置，每次新建虚拟机时，默认的存储路径都会使用在这个界面内修改后的路径。

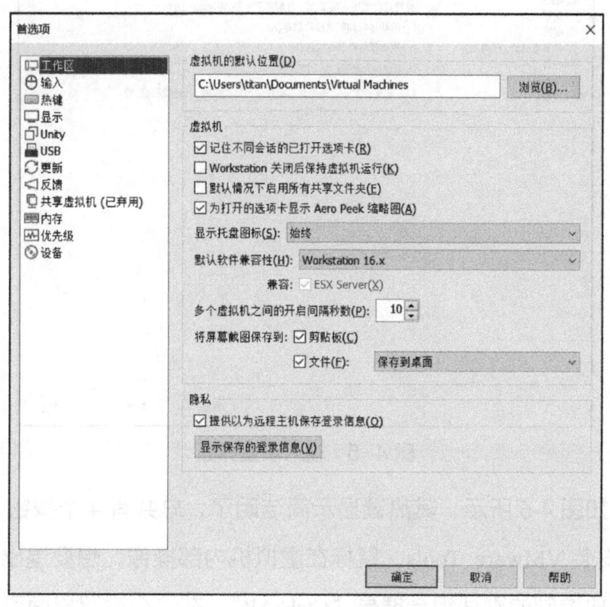

图 4-3　工作区设置界面

其他的设置内容是 VMware Workstation 运行时的一些辅助配置，如是否在托盘通知区域显示 VMware Workstation 图标、虚拟机截屏的图片存储位置等。托盘通知区域显示 VMware Workstation 图标，如图 4-4 所示。其中，比较重要的是默认软件兼容性，不同版本的 VMware Workstation 之间有少许的区别，如果用旧版本的 VMware Workstation 创建了虚拟机，在新版本中可以选择此项，当然也可以下载旧版本的 VMware Workstation。

图 4-4　托盘通知区域显示 VMware Workstation 图标

输入设置界面，如图 4-5 所示。该界面用于设置鼠标和键盘的捕获，即什么时候鼠标和键盘控制虚拟机，什么时候鼠标和键盘控制物理机。如果虚拟机安装完成之后没有安装 VMware Tools，鼠标和键盘的控制判定将会取决于“键盘和鼠标”这个选项组的设置，如果虚拟机安装了 VMware Tools，鼠标和键盘的控制对象会自动判断，也可以在“光标”选项组内修改鼠标和键盘控制对象的判定条件。

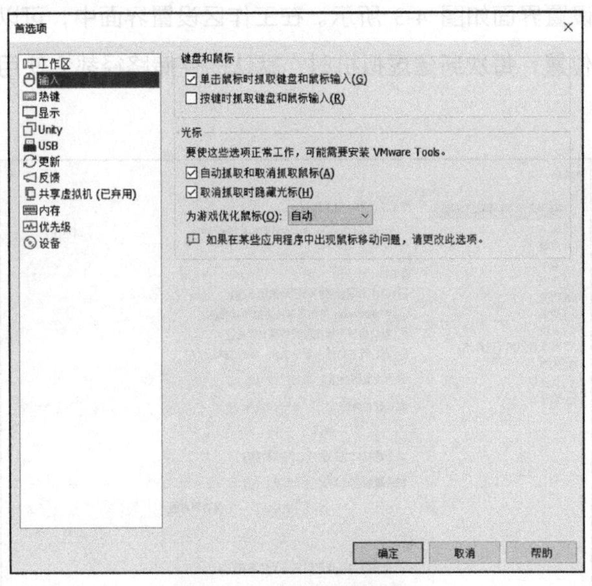

图 4-5 输入设置界面

热键设置界面，如图 4-6 所示。其热键显示简洁明了，总共有 4 个按钮，分别是 Ctrl、Shift、Alt 和 Win。当没有安装 VMware Tools，鼠标在虚拟机内部操作，想要退出控制虚拟机时需要组合热键释放控制，释放控制的默认组合键是“Ctrl+Alt”。在这个设置界面可以增加释放控制的热键组合，其他热键效果读者可以在虚拟机中自行尝试。

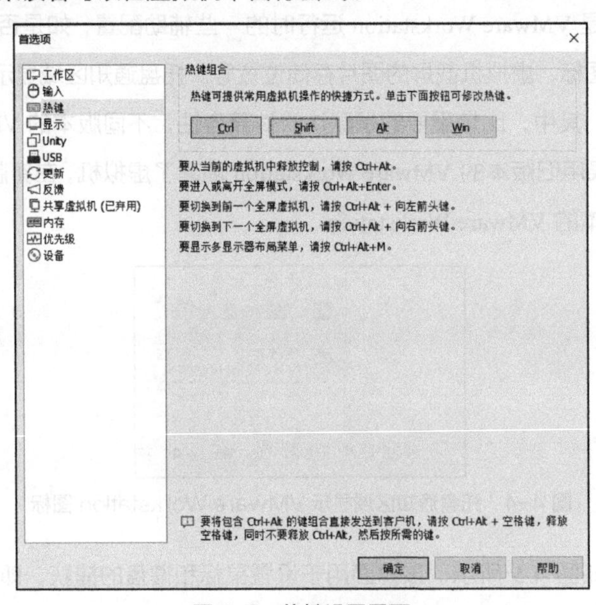

图 4-6 热键设置界面

显示设置界面，如图 4-7 所示。界面里可以设置虚拟机的分辨率是否自动适应物理机的分辨率，自动适应物理机的分辨率需要 VMware Tools 的支持，这部分设置可以在“全屏”选项组中设置。虚拟机跟通常的应用程序相似，可以缩小应用窗口，也可以让应用窗口全屏，在“自动适应”选项组内可以设置当窗口大小变化时，虚拟机的分辨率是否要跟随其变化。

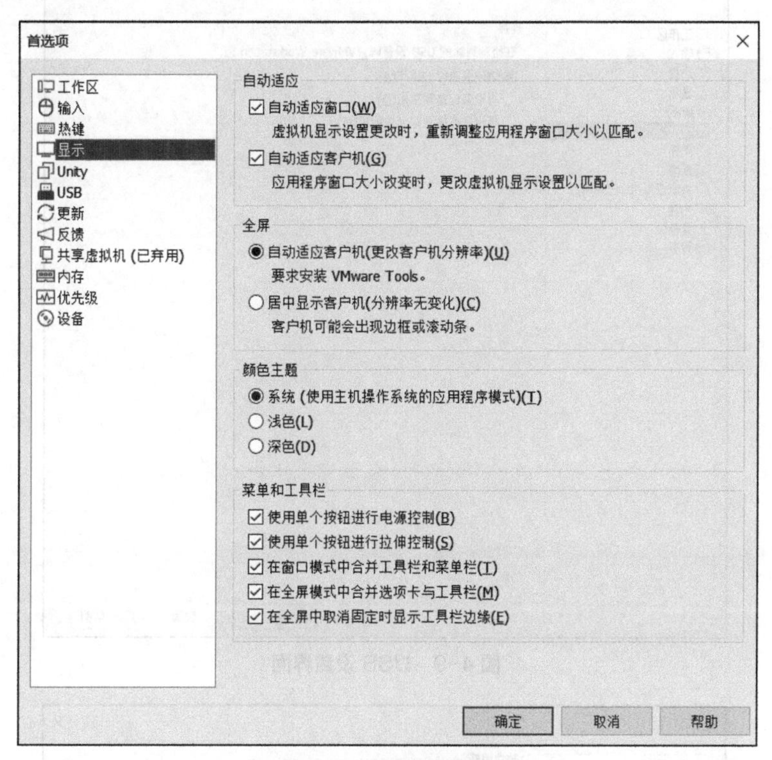

图 4-7　显示设置界面

“颜色主题”选项组用于调整 VMware Workstation 的整体颜色风格，在“菜单和工具栏”选项组内修改的内容会直接对应修改菜单栏的内容以及虚拟机内的部分内容，菜单栏如图 4-8 所示。

图 4-8　菜单栏

USB 设置界面如图 4-9 所示。这是比较容易被忽略的一部分设置。当计算机正在运行虚拟机时插入 USB 设备，VMware Workstation 默认会询问用户是否要将 USB 设备连接到虚拟机内。如果选择是，USB 设备会被虚拟机识别，物理机则识别不到；如果选择否，USB 设备会连接物理机，虚拟机则识别不到。

更新设置界面如图 4-10 所示。设置针对 VMware Workstation 和组件的更新选项，“软件更新”选项组中可以选择是否在启动 VMware Workstation 时检查新版本，或者检查是否有新的组件。如果不想更新，也不想在软件启动时收到提醒，可以取消选择里面的两个选项，等到想要更新时，可以在这里直接下载所有组件。如果想要单独更新 VMware Tools，可以在“VMware Tools 更新”选项组单独勾选“在虚拟机中自动更新 VMware Tools”，这样在虚拟机下一次的开机或关机时，会自动在机器上下载安装新版的 VMware Tools。

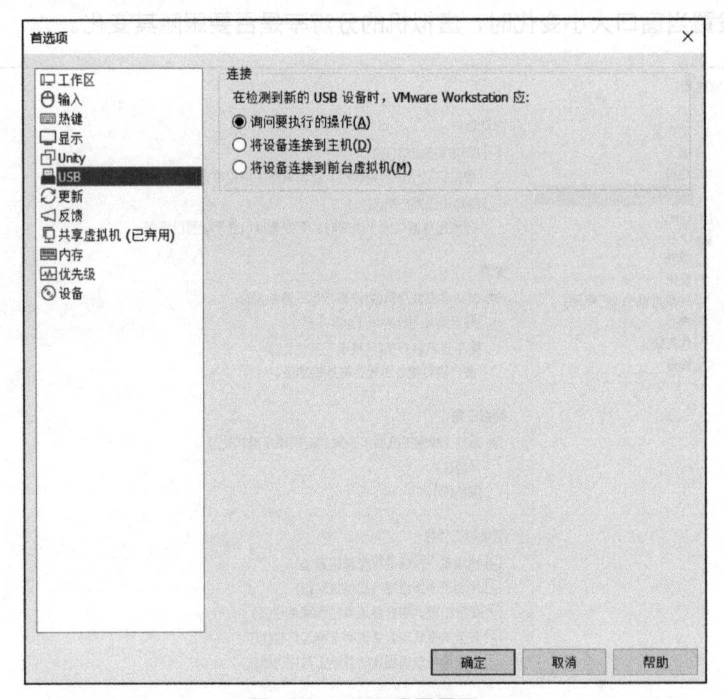

图 4-9　USB 设置界面

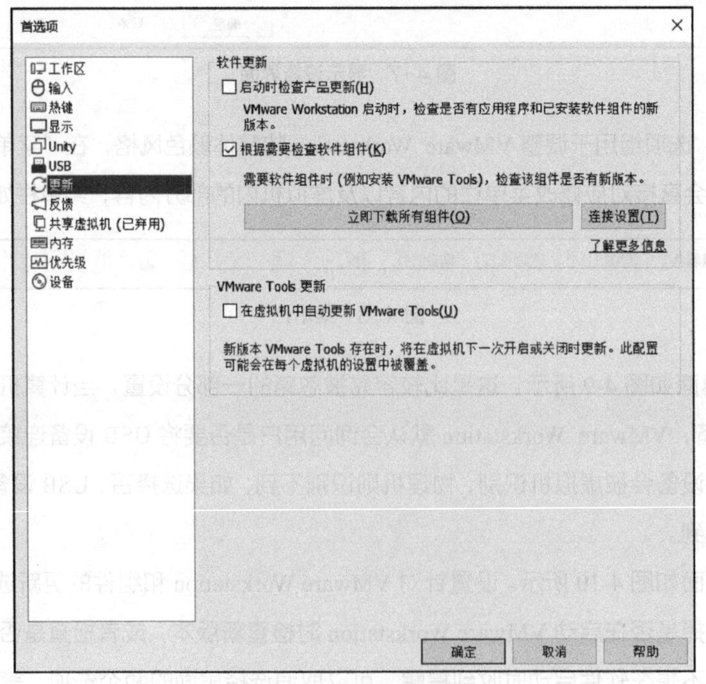

图 4-10　更新设置界面

内存设置界面，如图 4-11 所示。设置分为两大部分，分别是“预留内存”和“额外内存”。“预留内存”中最高的内存容量取决于物理机的内存大小，图 4-11 所示的内存上限约是 16GB。预留主机内存的意思是指针所指或者右侧数字选择框内的数值，代表着物理内存划分给虚拟机的内存大小，物理机自身剩下的内存大小为最大内存减去已分配内存。

在“额外内存”选项组中，第一个选项“调整所有虚拟机内存使其适应预留的主机 RAM”的意思是：虚拟机所使用的内存，都是物理机分配的实际物理内存，结合“预留内存”选项组的设置，在图 4-11 所示的界面中，如果存在两台虚拟机，内存大小分别是 8GB 和 4GB，并且这两台虚拟机同时打开，此时虚拟机被分配到的内存大小只剩下 1GB，最多只能再打开一台 1GB 内存的虚拟机，超过 1GB 内存的虚拟机就无法打开。

“额外内存”选项组的第二、三个选项的意思是：允许借用磁盘当作内存，即虚拟内存。选择这两个选项的其中一个，都可以在同时打开 8GB 和 4GB 内存的虚拟机之后，再打开一台内存大小超过 1GB 的虚拟机。代价就是磁盘虚拟的内存并没有物理内存的存取速度快，意味着要牺牲一部分虚拟机的性能，才能开启超过预留内存大小的虚拟机。

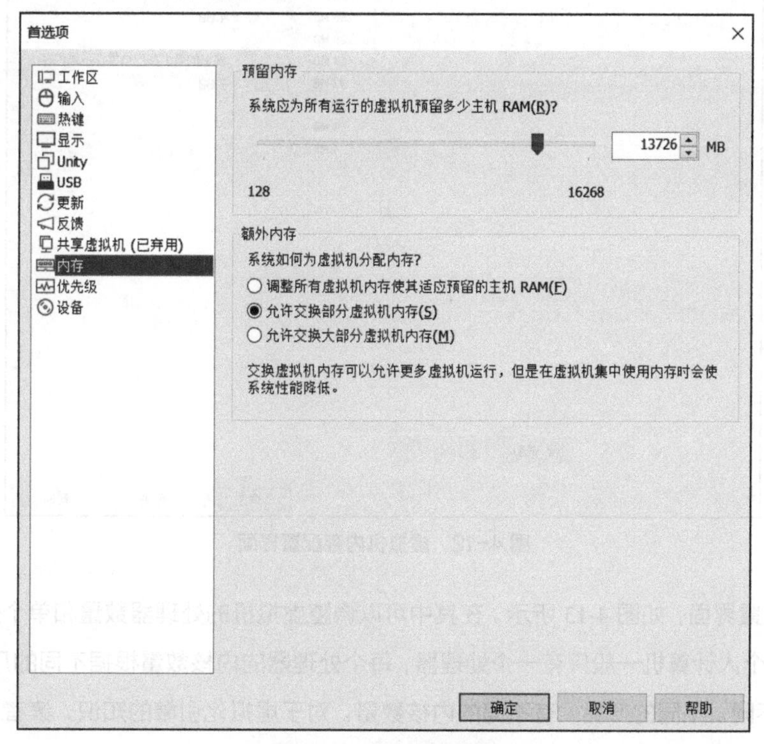

图 4-11　内存设置界面

2. 虚拟机配置

虚拟机的配置比 VMware Workstation 的配置要丰富，有“硬件”和“选项”两个选项卡，“硬件”选项卡配置的是虚拟机的“物理设备”，就像组装一台计算机，组装物理机需要哪些设备，虚拟机同样也需要哪些设备。

虚拟机内存配置界面，如图 4-12 所示，包括最小内存大小、推荐内存大小和最大内存大小的建议。创建虚拟机时，选择的内存要在最大和最小内存范围之内。如果实际需要内存大小超出最大建议内存，需要在 VMware Workstation 的内存设置中开启内存交换，将一部分磁盘当作内存使用，否则实际需要内存大小超出最大建议内存的虚拟机将无法运行。

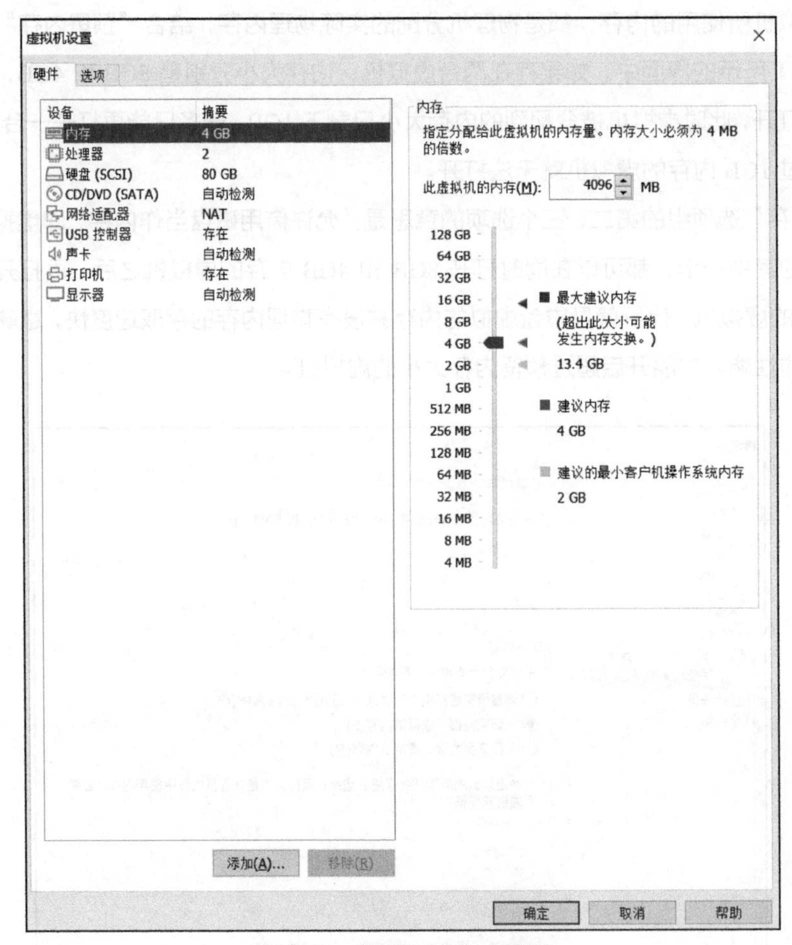

图 4-12　虚拟机内存配置界面

处理器配置界面，如图 4-13 所示。在其中可以调整虚拟机的处理器数量和单个处理器的内核数量，每一台个人计算机一般只有一个处理器，每个处理器的内核数量根据不同的厂商（如 Intel、AMD）有所不同。不同的产品，有不同的内核数量。对于虚拟化引擎的知识，读者可以通过查阅资料来深入了解这些配置对虚拟机性能以及用户使用体验的影响。

硬盘配置界面，如图 4-14 所示，硬盘配置界面会显示虚拟机硬盘存放在物理磁盘的位置，以及与磁盘相关的信息。如果想在物理磁盘访问虚拟机内存储的内容，可以在“磁盘实用工具”中将虚拟机的磁盘映射到本地磁盘。映射虚拟磁盘，如图 4-15 所示。

图 4-13　处理器配置界面

图 4-14　硬盘配置界面

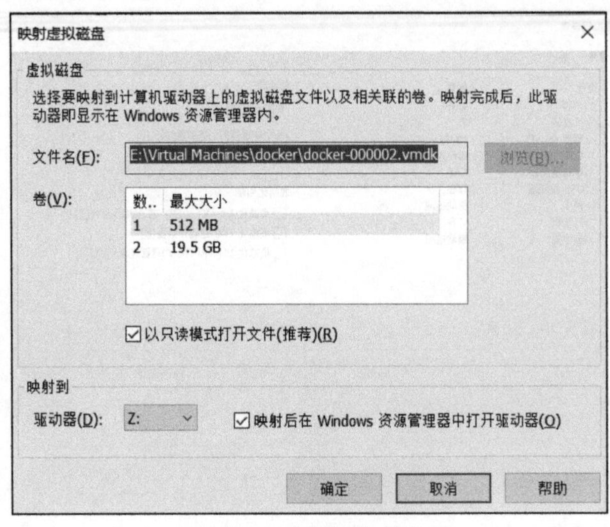

图 4-15　映射虚拟磁盘

磁盘映射中可以选择将不同的卷映射到物理磁盘，可以指定映射后的盘符，盘符为日常中的 C 盘、D 盘等。磁盘映射后方便物理机直接访问虚拟机内存储的文件数据。

CD/DVD 配置界面如图 4-16 所示。CD/DVD 配置是一个常用的配置，或者说是安装虚拟机系统时不可绕开的一步。安装系统时主要使用 ISO 文件，目前的计算机系统很少使用物理驱动器的 CD 安装，取而代之的是用 U 盘启动盘安装。

图 4-16　CD/DVD 配置界面

网络适配器配置界面如图 4-17 所示。配置的模式将决定虚拟机以什么样的形式跟物理机连接。常用的网络连接模式有 3 种，分别是桥接模式、网络地址转换（Network Address Translation，NAT）模式和仅主机模式。自定义模式下先设置特定的虚拟网络，虚拟网络配置参考任务 3.2。桥接模式中虚拟机直接连接物理网络，同时可以通过物理网络访问互联网；NAT 模式中虚拟机共享物理机的 IP 地址，在访问互联网时，以物理机的 IP 地址进行访问；仅主机模式中虚拟机只能同主机进行通信，无法访问互联网。

图 4-17　网络适配器配置界面

虚拟机配置中还允许添加新的设备，添加硬件向导界面，如图 4-18 所示，可供使用者自行添加硬件设备。可以在创建虚拟机的时候通过自定义配置增加或删减设备，也可以在虚拟机创建完成之后，在虚拟机配置中添加和删减设备。添加设备后，读者可以自行摸索设备的使用方式。添加的方式这里不多做介绍。

除了跟虚拟机硬件有关的配置，还有跟虚拟机使用有关的设置，在常规配置界面中可以配置这些设置。常规配置界面如图 4-19 所示，在该界面可以修改虚拟机的名称。虚拟机的操作系统类型在创建虚拟机时可通过 ISO 镜像自动识别。工作目录与磁盘存储目录不同，工作目录是存储虚拟机运行时产生的文件数据的位置。

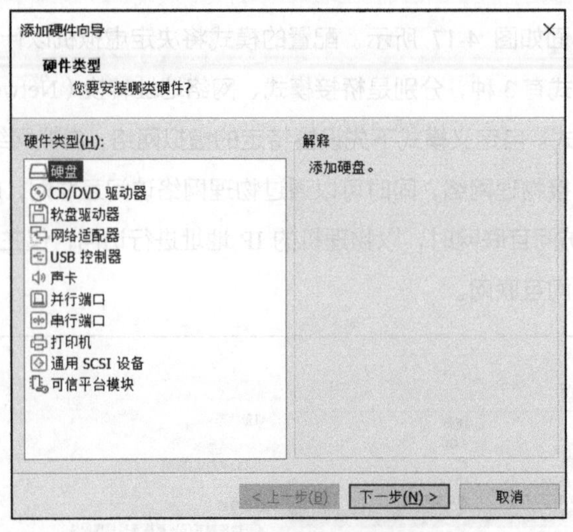

图 4-18　添加硬件向导界面

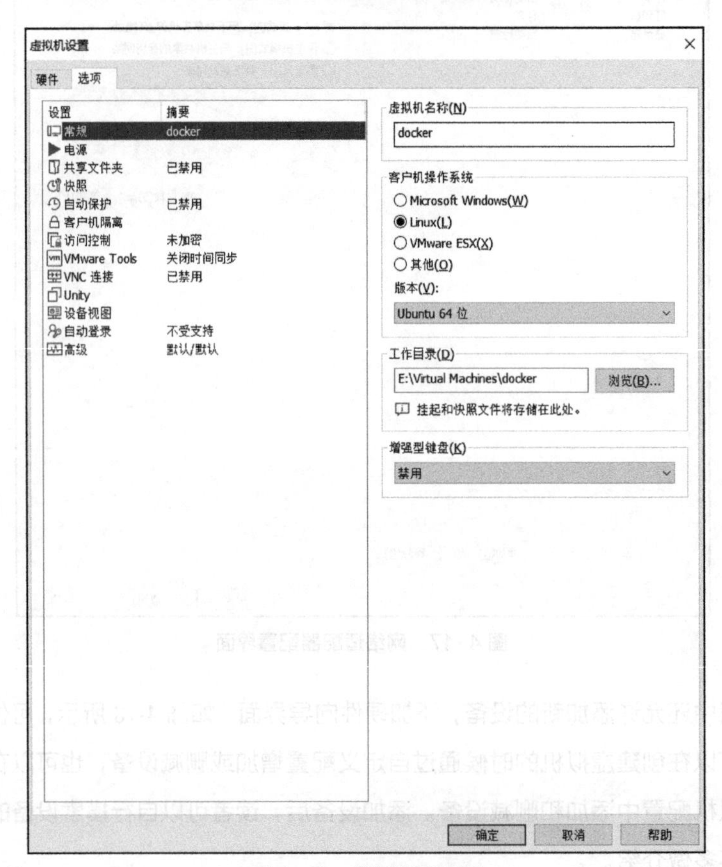

图 4-19　常规配置界面

共享文件夹配置界面如图 4-20 所示，设置是否将物理机的文件夹共享给虚拟机。启用共享文件夹之后，选择需要共享的文件夹，添加进去之后，就可以在虚拟机内访问了。共享文件夹启用有“总是启用”和“在下次关机或挂起前一直启用”两种方式，用户可以根据使用需要选择其中一项。

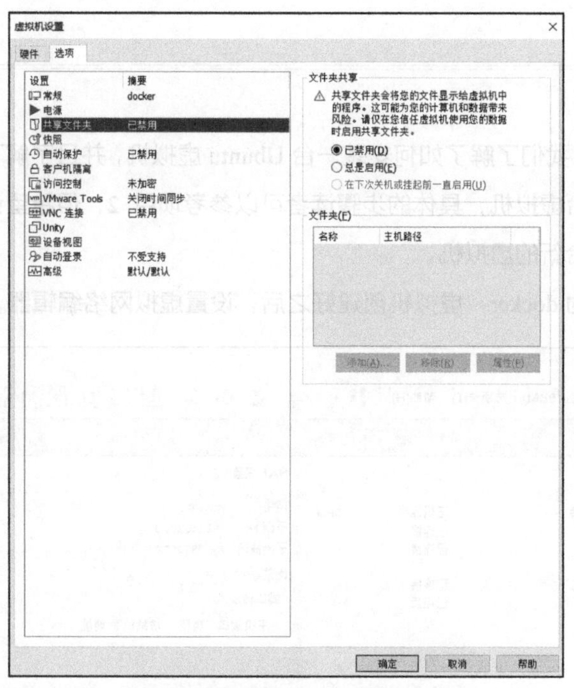

图 4-20　共享文件夹配置界面

客户机隔离配置界面如图 4-21 所示，用于控制物理机和虚拟机之间是否可以直接拖放和复制粘贴文件。开启这两个功能可以方便地在虚拟机和物理机之间复制文件，启用复制粘贴功能还允许将物理机剪贴板的内容粘贴到虚拟机，反之亦可。

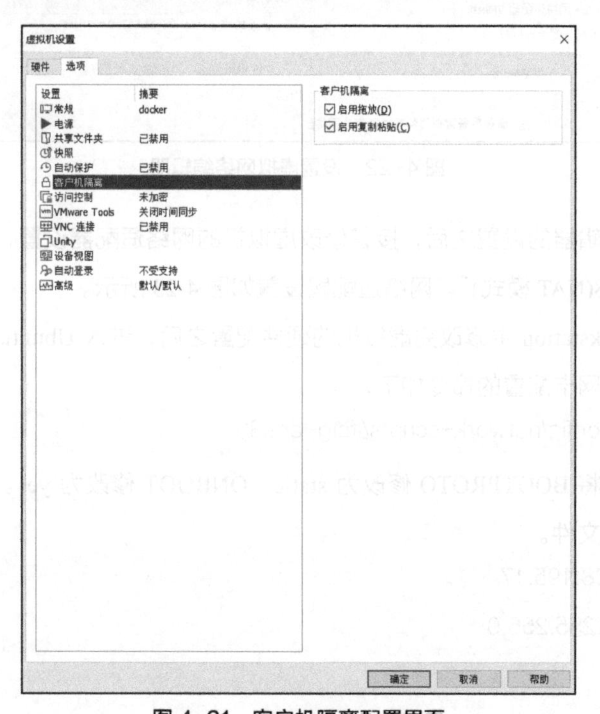

图 4-21　客户机隔离配置界面

任务实施

在前面的项目中，我们了解了如何安装一台 Ubuntu 虚拟机，并且了解了 Ubuntu 的基本操作。本任务会重新安装一台虚拟机，具体的步骤读者可以参考项目 2，但希望读者可以在不参考前文步骤的情况下安装一台新的虚拟机。

新的虚拟机命名为 docker，虚拟机创建好之后，设置虚拟网络编辑器，如图 4-22 所示。

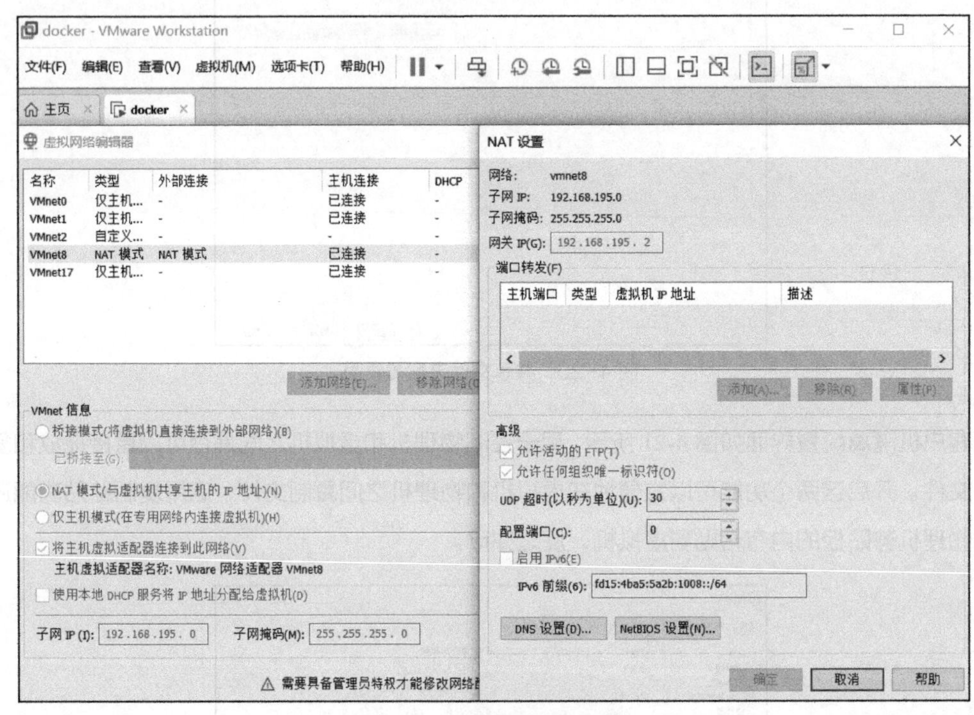

图 4-22　设置虚拟网络编辑器

完成虚拟网络编辑器的设置之后，接着修改虚拟机的网络适配器设置，将网络适配器选择为自定义中的“VMnet8(NAT 模式)”。网络适配器设置如图 4-23 所示。

在 VMware Workstation 中修改完虚拟机的硬件配置之后，进入 Ubuntu 系统，在终端中修改网卡配置文件。修改网卡配置的命令如下。

```
# gedit /etc/sysconfig/network-scripts/ifcfg-ens33
```

进入配置文件，将 BOOTPROTO 修改为 static，ONBOOT 修改为 yes。然后在文件末尾添加如下内容，修改配置文件。

```
IPADDR=192.168.195.17
NETMASK=255.255.255.0
DNS1=8.8.8.8
GATEWAY=192.168.195.2
```

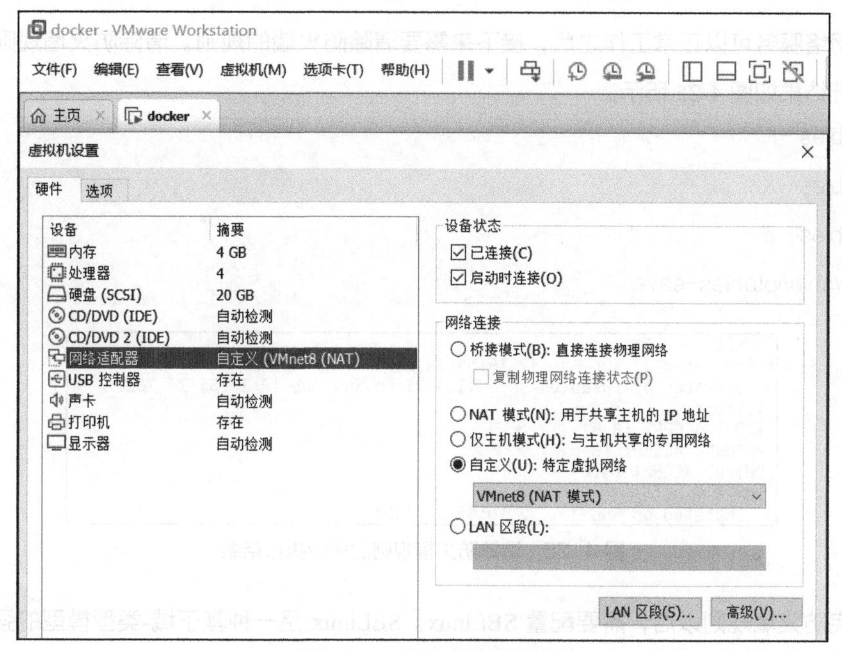

图 4-23　网络适配器设置

修改完配置文件后，重启网络服务。输入如下命令，让修改的配置生效。

```
# service network restart
```

网络服务重启之后，在浏览器中任意访问一个网站，测试网络服务是否可用，如图 4-24 所示。

图 4-24　测试网络服务是否可用

测试网络服务可以正常工作之后，接下来需要清除防火墙的规则。清除防火墙规则的命令如下，其执行结果如图 4-25 所示。

```
# iptables -F
# iptables -X
# iptables -Z
# /usr/sbin/iptables-save
```

```
COMMIT
# Completed on Sun Jul 12 16:55:24 2020
# Generated by iptables-save v1.4.21 on Sun Jul 12 16:55:24 2020
*filter
:INPUT ACCEPT [0:0]
:FORWARD ACCEPT [0:0]
:OUTPUT ACCEPT [0:0]
COMMIT
# Completed on Sun Jul 12 16:55:24 2020
```

图 4-25　清除防火墙规则的命令执行结果

清除完防火墙规则以后，需要配置 SELinux。SELinux 是一种基于域-类型模型的强制访问控制安全系统，它可以让管理员更好地管控访问系统的用户。SELinux 对每个人访问系统上的应用、进程和文件的权限都有定义，这些定义组成了 SELinux 的安全策略，因此 SELinux 会凭借用安全策略来强制执行策略的内容。配置 SELinux 的命令如下。

```
# sed -i 's/SELINUX=enforcing/SELINUX=disabled/g' /etc/selinux/config
```

完成 SELinux 的配置之后，重启系统，输入如下命令，让配置生效。

```
# reboot
```

系统重启之后，登录 root 用户并把 Swap 交换分区关闭，关闭 Swap 交换分区的命令如下。

```
# swapoff -a
# sed -i "s/\/dev\/mapper\/centos-swap/\#\/dev\/mapper\/centos-swap/g" /etc/fstab
```

Swap 分区关闭之后开启路由转发功能，将下面的内容存入 sysctl.conf 文件中，然后通过命令开启路由转发功能。

```
net.ipv4.ip_forward=1
net.bridge.bridge-nf-call-ip6tables = 1
net.bridge.bridge-nf-call-iptables = 1
```

开启路由转发功能的命令如下，结果如图 4-26 所示。

```
# modprobe br_netfilter
# sysctl -p
```

为了让虚拟机可以与物理机交换文件，我们需要修改虚拟机的设置选项，在 VMware Workstation 中找到 docker 的设置选项，选中左侧共享文件夹，在右侧上方的文件夹共享处选择“总是启用”单选项，启用共享文件夹，如图 4-27 所示。

```
[root@localhost ~]# modprobe br_netfilter
[root@localhost ~]# sysctl -p
net.ipv4.ip_forward = 1
net.bridge.bridge-nf-call-ip6tables = 1
net.bridge.bridge-nf-call-iptables = 1
```

图 4-26　开启路由转发功能结果

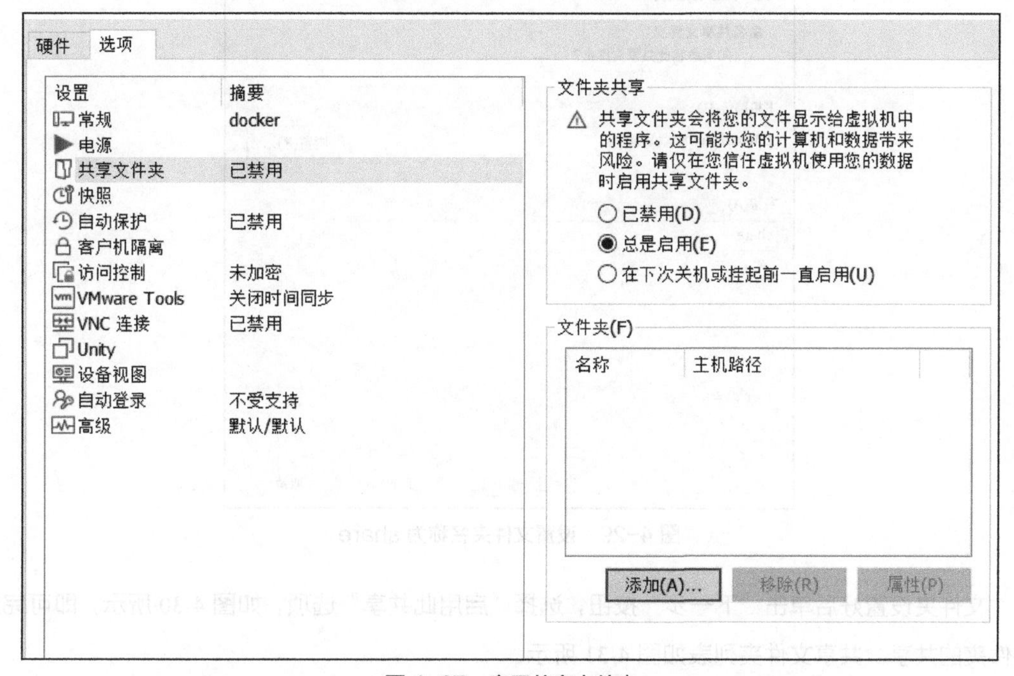

图 4-27　启用共享文件夹

然后单击右侧下方的“添加”按钮，进入添加共享文件夹向导界面，如图 4-28 所示。

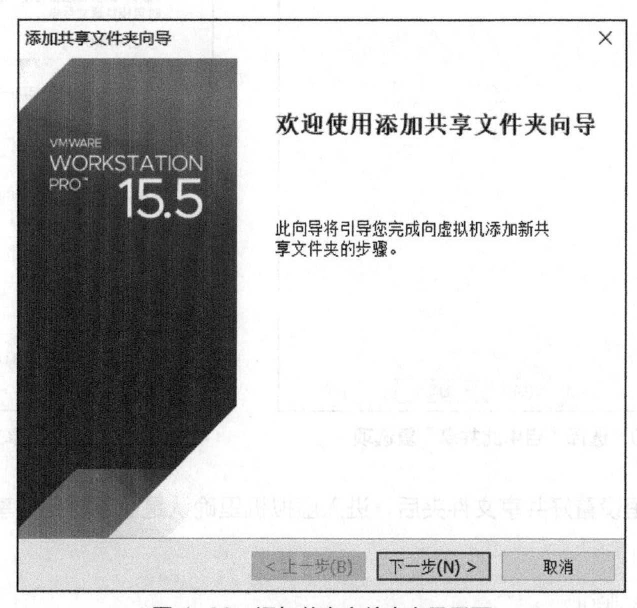

图 4-28　添加共享文件夹向导界面

单击“下一步”按钮之后，选择需要与虚拟机共享的物理机文件夹并设置共享文件夹的名称。本任务设置共享文件夹的路径（主机路径）是 E:\could_compute\share，设置文件夹名称为 share，如图 4-29 所示。

图 4-29　设置文件夹名称为 share

文件夹设置好后单击“下一步”按钮，选择“启用此共享”选项，如图 4-30 所示，即可完成文件夹的共享。共享文件夹列表如图 4-31 所示。

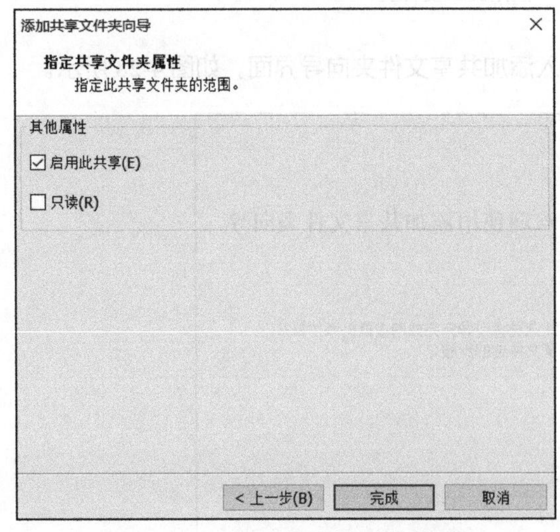

图 4-30　选择“启用此共享”复选项

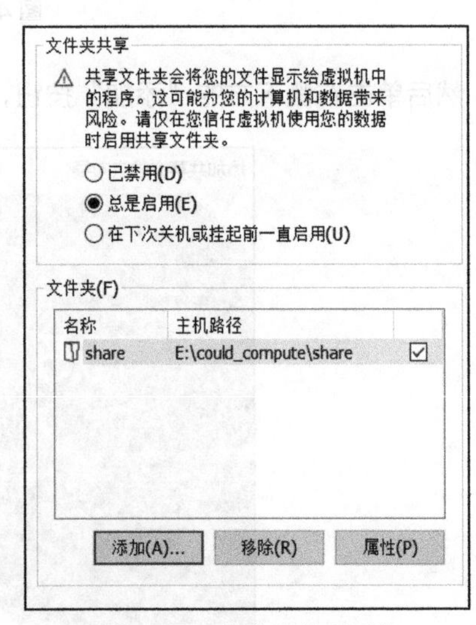

图 4-31　共享文件夹列表

在虚拟机设置里设置好共享文件夹后，进入虚拟机里确认是否看得到共享文件夹。查看共享文件夹的命令如下。

```
# vmware-hgfsclient
```

虚拟机外部设置的共享文件夹默认是没有挂载的，需要进入虚拟机手动挂载共享文件夹。挂载共享文件夹时需要虚拟机的文件夹与物理机共享出来的文件夹一一对应，所以需要先创建一个文件夹，然后把共享文件夹挂载到这个文件夹上。这里创建了 share 文件夹，用于挂载共享文件夹。创建 share 文件夹的命令如下。

```
# mkdir /root/Desktop/share
```

挂载共享文件夹的命令如下。

```
# mount -t fuse.vmhgfs-fuse .host:/share /root/Desktop/share -o allow_other
```

挂载完，测试文件夹是否可以共享文件。在测试之前，文件夹内部是没有文件的，为了测试，在物理机共享给虚拟机的文件夹 share 里创建一个"test.txt"文件，然后回到虚拟机的 share 文件夹中查看是否有"test.txt"文件，有即代表共享成功。空文件夹、创建文件、查看共享文件，如图 4-32～图 4-34 所示。

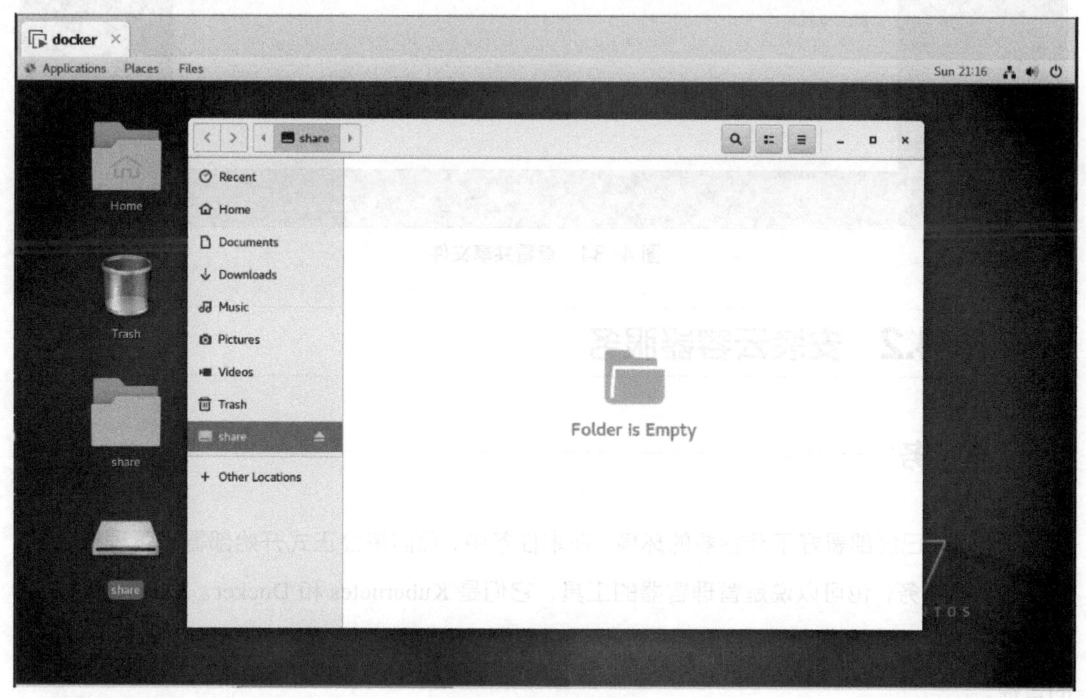

图 4-32　空文件夹

图 4-33　创建文件

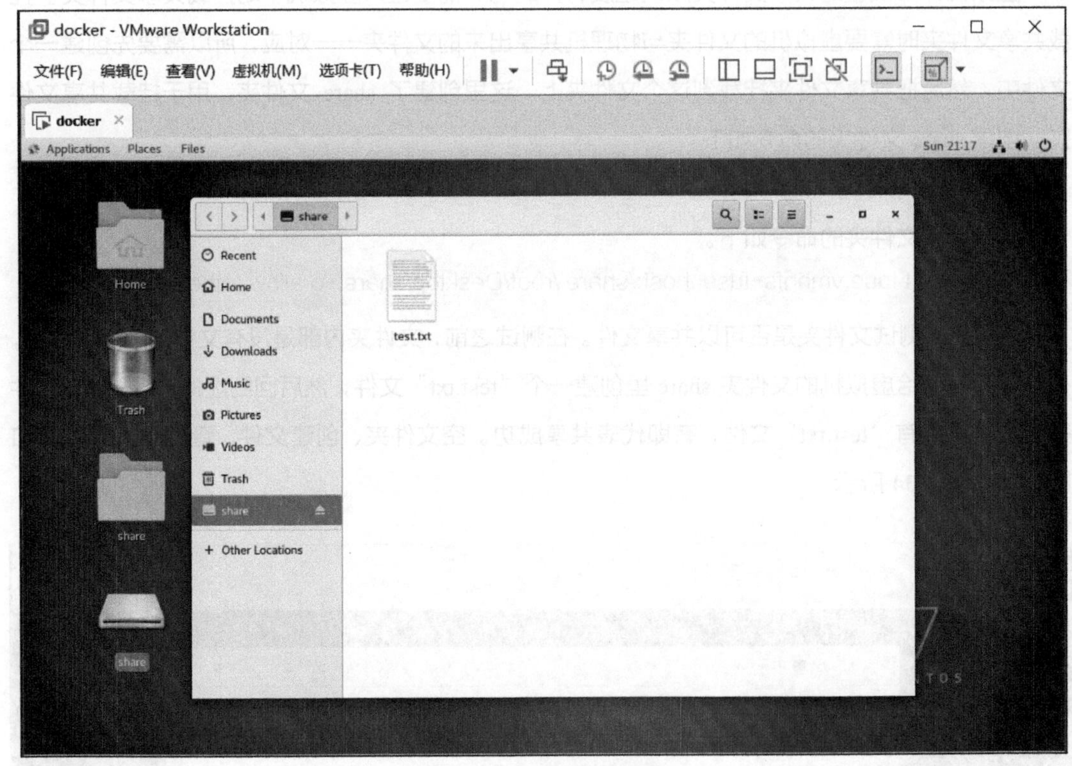

图 4-34 查看共享文件

任务 4.2 安装云容器服务

工作任务

任务 4.1 已经部署好了云容器的环境，在本任务中，我们将会正式开始部署和管理云容器。

云容器服务，也可以说是管理容器的工具，它们是 Kubernetes 和 Docker。Kubernetes 在容器集群管理系统中负责管理容器，Docker 引擎用来打包和移植容器，Docker 受到 Kubernetes 的管控。

相关知识

容器的相关知识请参考任务 1.2。

任务实施

任务 4.1 准备好了共享环境，接下来部署容器环境，本任务使用的容器是 Kubernetes。准备好 Kubernetes.zip 文件，然后将其放入共享文件夹，虚拟机获取文件后将其解压到目录下。Kubernetes 安装包、解压文件，如图 4-35、图 4-36 所示。

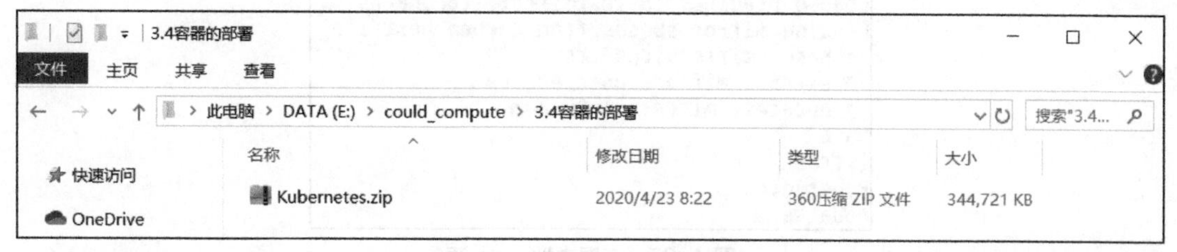

图 4-35　Kubernetes 安装包

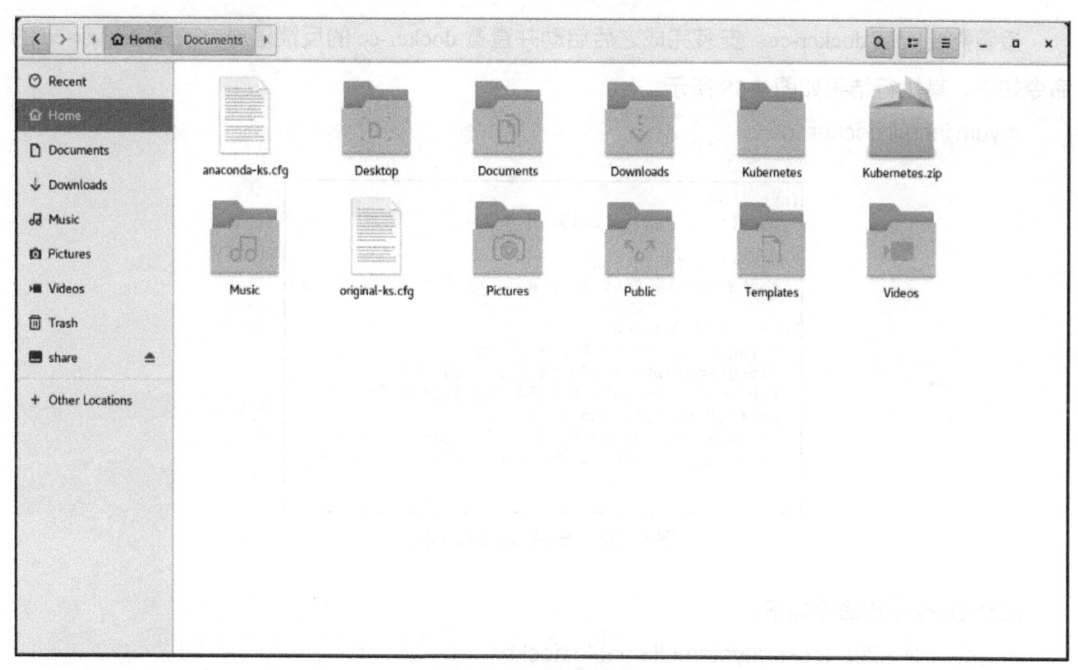

图 4-36　解压文件

接下来需要配置 yum 源，在 local.repo 文件内编辑内容的命令如下。

```
# gedit /etc/yum.repos.d/local.repo
```

添加如下内容。

```
 [kubernetes]
name=Kubernetes
baseurl=file:///root/Kubernetes
gpgcheck=0
enabled=1
```

配置完后，使用如下命令查看本地 yum 源。

```
# yum repolist
```

看到结果中有 Kubernetes 即代表配置成功，如图 4-37 所示。

```
[root@localhost ~]# yum repolist
Loaded plugins: fastestmirror, langpacks
Loading mirror speeds from cached hostfile
 * base: mirrors.cn99.com
 * extras: mirrors.ustc.edu.cn
 * updates: mirrors.cn99.com
base
extras
kubernetes
updates
```

图 4-37　查看本地 yum 源

接着需要安装 docker-ce。安装完成之后启动并查看 docker-ce 的反馈信息。安装 docker-ce 的命令如下，其执行结果如图 4-38 所示。

```
# yum install docker-ce
```

```
Installed:
  docker-ce.x86_64 3:18.09.6-3.el7

Dependency Installed:
  container-selinux.noarch 2:2.119.2-1.911c772.el

Dependency Updated:
  libselinux.x86_64 0:2.5-15.el7
  libselinux-utils.x86_64 0:2.5-15.el7
  libsemanage-python.x86_64 0:2.5-14.el7
  policycoreutils.x86_64 0:2.5-34.el7
  selinux-policy.noarch 0:3.13.1-266.el7_8.1
  setools-libs.x86_64 0:3.3.8-4.el7

Complete!
```

图 4-38　安装 docker-ce

启动 Docker 的命令如下。

```
# systemctl start docker;systemctl enable docker
```

查看 docker 信息的命令如下，其执行结果如图 4-39 所示。

```
# docker info
```

```
[root@localhost ~]# docker info
Containers: 0
 Running: 0
 Paused: 0
 Stopped: 0
Images: 0
Server Version: 18.09.6
Storage Driver: overlay2
 Backing Filesystem: xfs
 Supports d_type: true
 Native Overlay Diff: true
Logging Driver: json-file
Cgroup Driver: cgroupfs
Plugins:
 Volume: local
 Network: bridge host macvlan null over
```

图 4-39　查看 docker 信息

完成上面的操作之后，还需要安装其他相关的包。安装完成之后重新加载 docker 服务即可。安装其他相关包的命令如下，其执行结果如图 4-40 所示。

```
# yum install -y yum-utils device-mapper-persistent-data
```

```
Updating:
 device-mapper-persistent-data                              x86_64
 yum-utils                                                  noarch

Transaction Summary
================================================================
Upgrade  2 Packages

Total download size: 544 k
Downloading packages:
No Presto metadata available for base
No Presto metadata available for updates
(1/2): yum-utils-1.1.31-54.el7_8.noarch.rpm
(2/2): device-mapper-persistent-data-0.8.5-2.el7.x86_64.rpm
----------------------------------------------------------------
Total
Running transaction check
```

图 4-40　安装其他相关包

重新加载 Docker 服务的命令如下。

```
# systemctl daemon-reload
# systemctl restart docker;systemctl enable docker
```

任务 4.3　部署私有仓库

工作任务

Docker 官方提供了一个共有的镜像仓库叫作 Docker Hub，里面有很多镜像可以下载。有些不方便将镜像上传到公开仓库里的情况，则需要建立一个私人仓库存储自己的镜像。

本任务讲解利用 Docker 搭建自己的私有仓库。

相关知识

容器镜像仓库的功能是存储容器的镜像，可以存储 Kubernetes 等利用容器技术开发的应用镜像。容器镜像仓库主要存储容器镜像，此外还会存储应用程序接口路径和访问控制参数。

容器镜像仓库分为公共和私有两种类型，本任务创建的仓库是私有仓库。公共的容器镜像仓库（如 Docker Hub）里存储着官方和开发者们提供的各种类型的镜像，是公开给所有人下载镜像的，并且也是使用者可以自行上传镜像的仓库。

私有仓库多数应用于企业内部，及其他不对外公开的场景。私有仓库可确保仓库的资源只被有授权的人有限制地上传和下载，以保证机密性。

任务实施

为防止下载速度过慢或者无法访问国外网站，本任务将实现打包部分 Docker 的镜像。通过虚拟机和物理机的共享文件夹，把物理机的 images 压缩包解压到虚拟机的根目录下。准备镜像文件、解压 images，如图 4-41、图 4-42 所示。

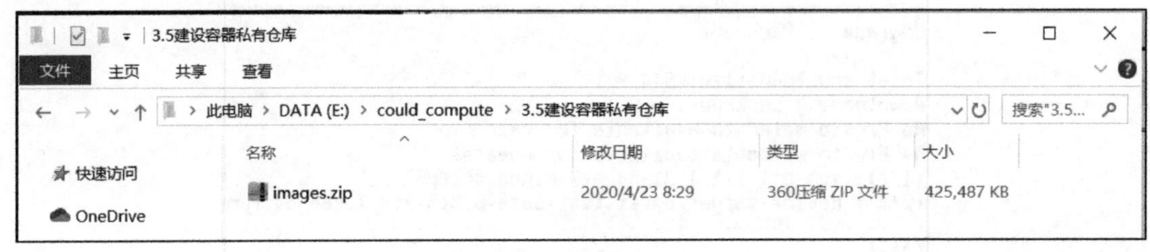

图 4-41　准备镜像文件

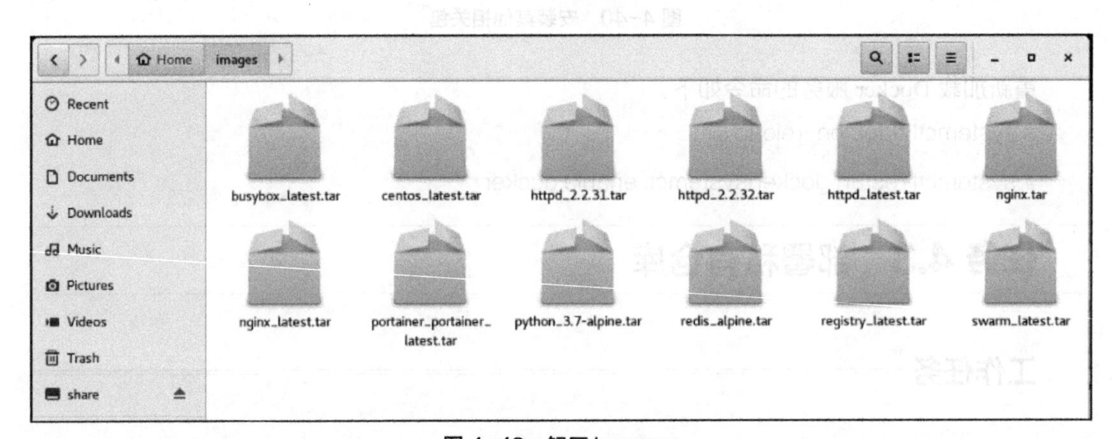

图 4-42　解压 images

准备好镜像文件之后，导入 registry 镜像并运行。导入 registry 的命令如下，其执行结果如图 4-43 所示。

```
# docker load < /root/images/registry_latest.tar
```

```
[root@localhost ~]# docker load < /root/images/registry_latest.tar
d9ff549177a9: Loading layer [==============================
f641ef7a37ad: Loading layer [==============================
d5974ddb5a45: Loading layer [==============================
5bbc5831d696: Loading layer [==============================
73d61bf022fd: Loading layer [==============================
Loaded image: registry:latest
```

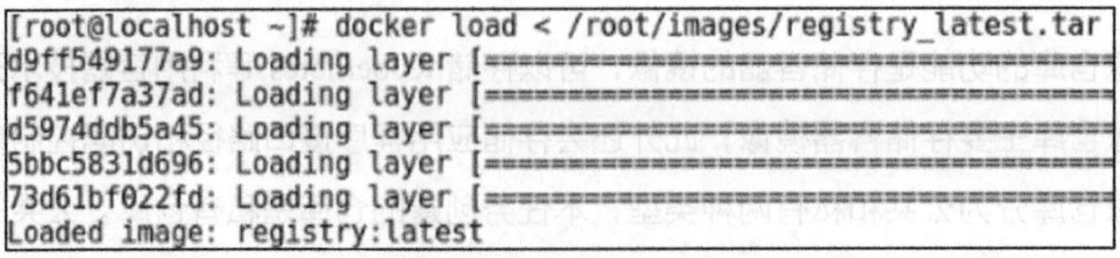

图 4-43　导入 registry

查看 registry 镜像的命令如下，结果如图 4-44 所示。

```
# docker images
```

```
[root@localhost ~]# docker images
REPOSITORY          TAG
registry            latest
```

图 4-44　查看 registry 镜像

运行 registry 的命令如下。

```
# docker run -d -v /opt/registry:/var/lib/registry -p 5000:5000 --restart=always --name registry registry:latest
```

查看运行的容器的命令如下，其执行结果如图 4-45 所示。

```
# docker ps
```

```
[root@localhost ~]# docker ps
CONTAINER ID        IMAGE
de4c7b7bb04a        registry:latest
```

图 4-45　查看运行的容器

准备工作做好之后，需要配置 registry，在 daemon.json 中添加以下内容。编辑 daemon.json 文件的命令如下。

```
# gedit /etc/docker/daemon.json
```

添加的内容如下。

```
{
  "insecure-registries" :[ "192.168.195.17:5000" ]
}
```

内容添加完成后，重启 registry 容器，然后用 curl 进行测试。重启 registry 容器的命令如下。

```
# systemctl daemon-reload;systemctl restart docker
```

测试容器的命令如下。

```
# curl http://192.168.195.17:5000/v2
```

在浏览器中查看容器，如图 4-46 所示。

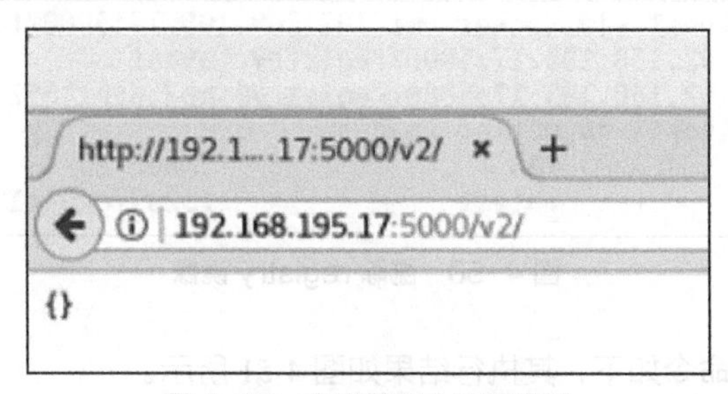

图 4-46　在浏览器中查看容器

接着尝试给 registry 容器打标签并将其上传到私有仓库。给 registry 打标签的命令如下。

```
# docker tag registry 192.168.195.17:5000/registry:latest
```

查看镜像的命令如下，其执行结果如图 4-47 所示。

```
# docker images
```

```
[root@localhost ~]# docker images
REPOSITORY                        TAG
192.168.195.17:5000/registry      latest
registry                          latest
```

图 4-47　查看镜像

上传 registry 镜像的命令如下，其执行结果如图 4-48 所示。

```
# docker push 192.168.195.17:5000/registry:latest
```

```
[root@localhost ~]# docker push 192.168.195.17:5000/registry:latest
The push refers to repository [192.168.195.17:5000/registry]
73d61bf022fd: Pushed
5bbc5831d696: Pushed
d5974ddb5a45: Pushed
f641ef7a37ad: Pushed
d9ff549177a9: Pushed
latest: digest: sha256:b1165286043f2745f45ea637873d61939bff6d9a59f7653
```

图 4-48　上传 registry 镜像

镜像上传完毕之后在浏览器中查看是否有 registry 的镜像信息，如图 4-49 所示。

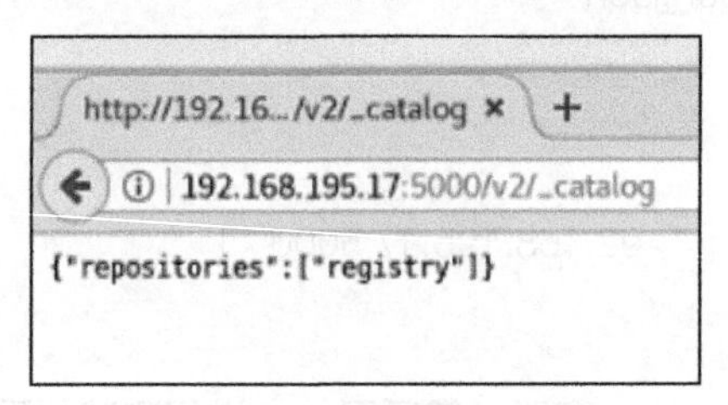

图 4-49　网页查看镜像信息

接下来我们尝试把本地的 registry 容器删除，从自己的仓库下载刚刚上传的 registry 镜像。删除 registry 镜像的命令如下，其执行结果如图 4-50 所示。

```
# docker rmi 192.168.195.17:5000/registry
```

```
[root@localhost ~]# docker rmi 192.168.195.17:5000/registry
Untagged: 192.168.195.17:5000/registry:latest
Untagged: 192.168.195.17:5000/registry@sha256:b1165286043f2745f
[root@localhost ~]# docker images
REPOSITORY          TAG                 IMAGE ID            CRE
registry            latest              f32a97de94e1        16
```

图 4-50　删除 registry 镜像

下载 registry 镜像的命令如下，其执行结果如图 4-51 所示。

```
# docker pull 192.168.195.17:5000/registry
```

查看镜像的命令如下，其执行结果如图 4-52 所示。

```
# docker images
```

```
[root@localhost ~]# docker pull 192.168.195.17:5000/registry
Using default tag: latest
latest: Pulling from registry
Digest: sha256:b1165286043f2745f45ea637873d61939bff6d9a59f7653
Status: Downloaded newer image for 192.168.195.17:5000/registr
[root@localhost ~]# docker images
REPOSITORY                    TAG        IMAGE ID
192.168.195.17:5000/registry  latest     f32a97de94e
registry                      latest     f32a97de94e
```

图 4-51　下载 registry 镜像

```
[root@localhost ~]# docker images
REPOSITORY                    TAG
192.168.195.17:5000/registry  latest
registry                      latest
```

图 4-52　查看镜像

项目小结

本项目主要介绍了如何在 VMware Workstation 的虚拟机上准备云容器的部署环境，以及安装 Kubernetes 云容器服务和搭建私人仓库。Kubernetes 和 Docker 的组合可以让使用者更加方便地管理更多的容器。私有仓库给需要隐私和安全保护的场景提供了相对安全的环境，保障了数据和重要文件的安全。

思考与训练

1. 选择题

（1）某个公司运行在容器上的业务数据相对隐私，如果这个公司想要备份容器，他们可以选择（　　）。

A. 公有仓库　　B. 私有仓库　　C. Docker Hub　　D. 其他仓库

（2）管理大量的云容器需要用到（　　）。

A. Kubernetes　　B. Docker　　C. MySQL　　D. BusyBox

（3）Docker 查看正在运行的容器的命令是（　　）。

A. docker ps　　B. docker ls　　C. docker rd　　D. docker show

2. 判断题

（1）Kubernetes 和 Docker 是相互竞争的关系。（　　）

（2）私有仓库的保密性比公有仓库的强。（　　）

（3）Docker 适合管理规模不大的容器群。（　　）

3. 简答题

（1）容器规模的大小是否具有波动性？

（2）有没有分布式的私有仓库？

项目5
Ubuntu云容器的开发

问题引入

在云容器出现之前，搭建各种各样的服务需要考虑这些服务的依赖环境、运行的系统等因素，即需要考虑运行服务的操作系统等一系列因素。在学习了前面几个项目之后，我们知道了容器运行在与操作系统无关的环境上，也代表着它帮我们解决了大部分的问题，使用者只需要知道如何使用容器即可。

前面的项目介绍了 Ubuntu 系统和容器的相关知识，也部署了容器的环境，本项目将会在容器环境下部署 BusyBox、MySQL、Web 容器和云硬盘容器。

知识目标

1. 了解 BusyBox 工具特性
2. 了解 MySQL 相关知识
3. 了解 Web 服务相关知识
4. 了解云硬盘相关知识

技能目标

1. 掌握 BusyBox 部署方法
2. 掌握 MySQL 容器部署方法
3. 掌握 Web 容器部署方法
4. 掌握云硬盘部署方法

项目 5　Ubuntu 云容器的开发

思路指导

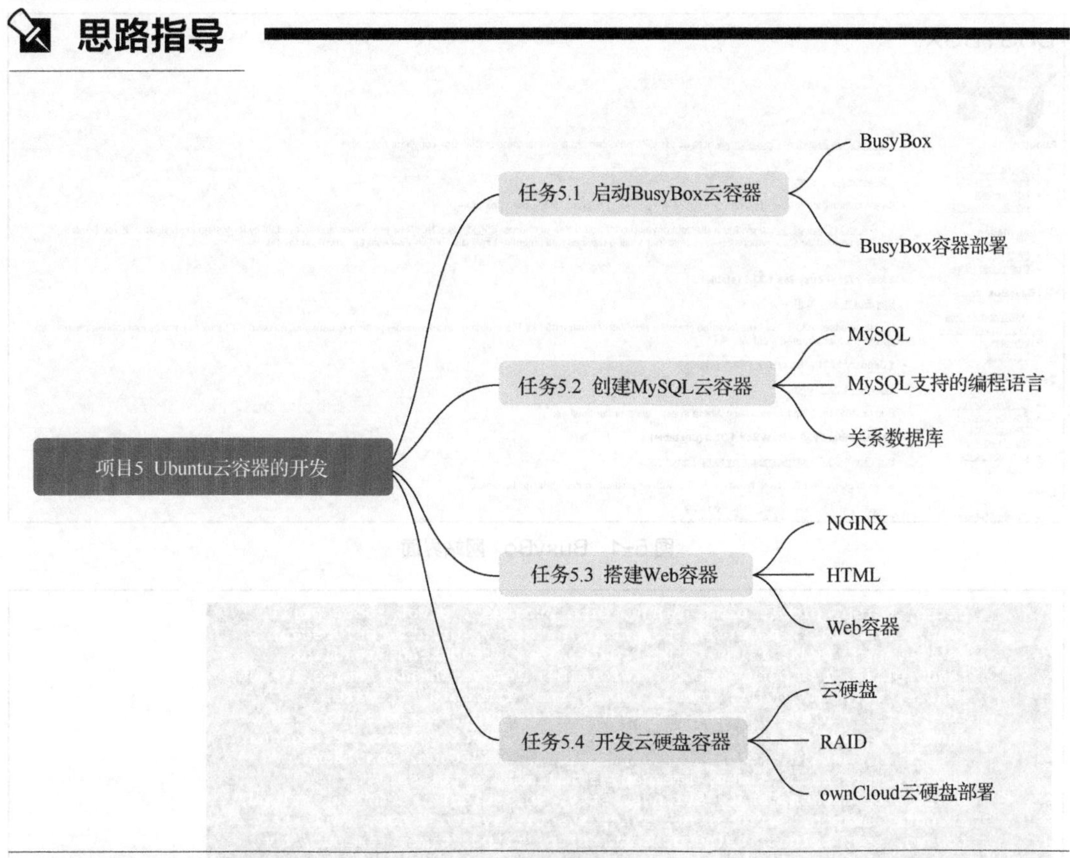

任务 5.1 启动 BusyBox 云容器

工作任务

在项目 3 中，读者学习了 Ubuntu 的基本命令，Linux 是基于 UNIX 发展起来的，因此属于 Linux 发行版的 Ubuntu 也继承了 UNIX 的一些基本命令。BusyBox 体积小，因此成为嵌入式领域的选择。

本任务介绍 BusyBox 的相关知识以及如何在 Ubuntu 系统上部署 BusyBox 容器。

相关知识

BusyBox 是 Linux 上的一款工具，它集成了几百条常用的 Linux 命令，如 ls、cat、grep、mount 等。BusyBox 将这些命令集合到一起，这个集合可以代替大部分常用的命令工具。

BusyBox 网站界面如图 5-1 所示，官方提供了在线试用的功能；BusyBox 在线试用平台，如图 5-2 所示，使用者可以尝试 BusyBox 整合的所有命令。

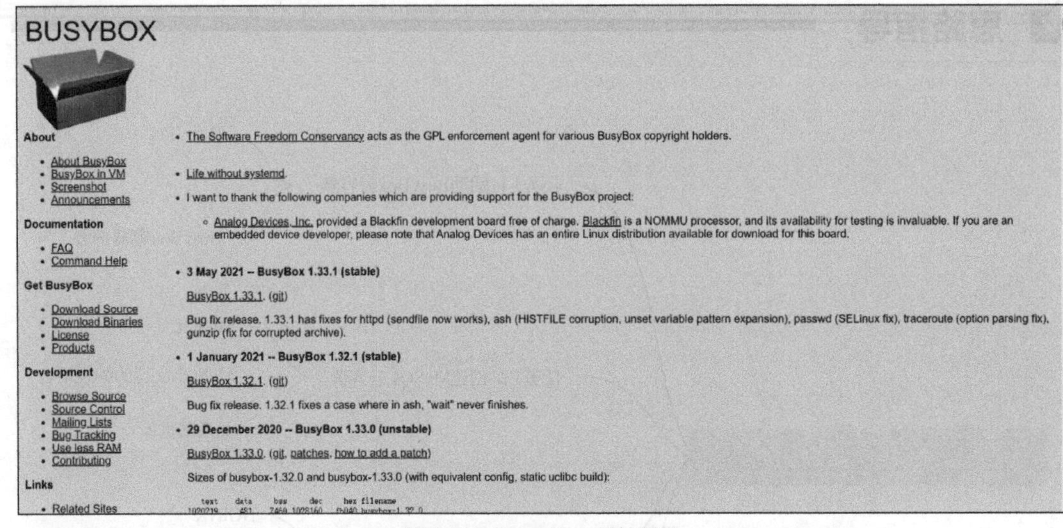

图 5-1 BusyBox 网站界面

```
        patch, pgrep, pidof, ping, ping6, pipe_progress, pivot_root, pkill,
        pmap, popmaildir, poweroff, powertop, printenv, printf, ps, pscan,
        pstree, pwd, pwdx, raidautorun, rdate, rdev, readahead, readlink,
        readprofile, realpath, reboot, reformime, remove-shell, renice, reset,
        resize, rev, rm, rmdir, rmmod, route, rpm, rpm2cpio, rtcwake,
        run-parts, runlevel, runsv, runsvdir, rx, script, scriptreplay, sed,
        sendmail, seq, setarch, setconsole, setfont, setkeycodes, setlogcons,
        setserial, setsid, setuidgid, sh, sha1sum, sha256sum, sha512sum,
        showkey, slattach, sleep, smemcap, softlimit, sort, split,
        start-stop-daemon, stat, strings, stty, su, sulogin, sum, sv, svlogd,
        swapoff, swapon, switch_root, sync, sysctl, syslogd, tac, tail, tar,
        tcpsvd, tee, telnet, telnetd, test, tftp, tftpd, time, timeout, top,
        touch, tr, traceroute, traceroute6, true, tty, ttysize, tunctl,
        ubiattach, ubidetach, ubimkvol, ubirmvol, ubirsvol, ubiupdatevol,
        udhcpc, udhcpd, udpsvd, umount, uname, unexpand, uniq, unix2dos,
        unlzma, unlzop, unxz, unzip, uptime, users, usleep, uudecode, uuencode,
        vconfig, vi, vlock, volname, wall, watch, watchdog, wc, wget, which,
        who, whoami, whois, xargs, xz, xzcat, yes, zcat, zcip

/ # who
/ # which
BusyBox v1.20.0 (2012-04-22 12:29:58 CEST) multi-call binary.

Usage: which [COMMAND]...

Locate a COMMAND

/ # whoami
whoami: unknown uid 0
/ #
```

Javascript PC Emulator is © 2011 Fabrice Bellard.
Used with author's permission.
The source of GPLed components is available here.
The BusyBox was built with this config from unmodified version 1.20.0.
Use Ctrl-Up, Ctrl-Down, Ctrl-PageUp and Ctrl-PageDown for scroll back.
Use "cat /dev/clipboard" and "echo Hello world >/dev/clipboard" to read from/write to clipboard.
Binary data transfer to VM:
"uuencode BINFILE BINFILE", paste result into clipboard, "uudecode /dev/clipboard -o/tmp/BINFILE" in VM.
Clear clipboard

图 5-2 BusyBox 在线试用平台

任务实施

在任务 4.3 中安装好 Docker 的基础上部署 BusyBox 容器。要安装 BusyBox 需要先加载镜像，加载 BusyBox 镜像的命令如下。

```
# docker load < /root/images/busybox_latest.tar
```

加载完镜像之后，使用如下命令查看镜像，其执行结果如图 5-3 所示，查看是否成功加载。

```
# docker images
```

```
[root@localhost ~]# docker images
REPOSITORY                      TAG
busybox                         latest
192.168.195.17:5000/registry    latest
registry                        latest
```

图 5-3　查看镜像

用 Docker 的打标签功能给 BusyBox 打标签，命令如下。

```
# docker tag busybox 192.168.195.17:5000/busybox:latest
```

查看打标签的命令如下，其执行结果如图 5-4 所示。

```
# docker images
```

```
[root@localhost ~]# docker images
REPOSITORY                      TAG
192.168.195.17:5000/busybox     latest
busybox                         latest
192.168.195.17:5000/registry    latest
registry                        latest
```

图 5-4　查看打标签结果

Docker 除了打标签的功能，还有一些常用的功能，分别是上传、下载和删除容器。上传的命令是“push”，下载的命令是“pull”，删除的命令是“rmi”。上传 BusyBox 的命令如下，其执行结果如图 5-5 所示。

```
# docker push 192.168.195.17:5000/busybox:latest
```

```
[root@localhost ~]# docker push 192.168.195.17:5000/busybox:latest
The push refers to repository [192.168.195.17:5000/busybox]
1da8e4c8d307: Pushed
latest: digest: sha256:679b1c1058c1f2dc59a3ee70eed986a88811c0205c8cee
```

图 5-5　上传 BusyBox

上传完镜像之后，在浏览器输入 192.168.195.17:5000/v2/_catalog 查看 registry，如图 5-6 所示。

删除镜像的命令如下，其执行结果如图 5-7 所示。

```
# docker rmi 192.168.195.17:5000/busybox:latest
```

图 5-6　查看 registry

```
[root@localhost ~]# docker rmi 192.168.195.17:5000/busybox:latest
Untagged: 192.168.195.17:5000/busybox:latest
Untagged: 192.168.195.17:5000/busybox@sha256:679b1c1058c1f2dc59a3e
```

图 5-7　删除镜像

查看删除结果的命令如下，其执行结果如图 5-8 所示。

```
# docker images
```

```
[root@localhost ~]# docker images
REPOSITORY                      TAG
busybox                         latest
192.168.195.17:5000/registry    latest
registry                        latest
```

图 5-8　查看删除结果

下载镜像的命令如下，其执行结果如图 5-9 所示。

```
# docker pull 192.168.195.17:5000/busybox
```

```
[root@localhost ~]# docker pull 192.168.195.17:5000/busybox
Using default tag: latest
latest: Pulling from busybox
Digest: sha256:679b1c1058c1f2dc59a3ee70eed986a88811c0205c8ce
Status: Downloaded newer image for 192.168.195.17:5000/busyb
```

图 5-9　下载镜像

查看下载结果的命令如下，其执行结果如图 5-10 所示。

```
# docker images
```

```
[root@localhost ~]# docker images
REPOSITORY                      TAG
192.168.195.17:5000/busybox     latest
busybox                         latest
192.168.195.17:5000/registry    latest
registry                        latest
```

图 5-10　查看下载结果

了解完简单的镜像操作之后，下面运行 BusyBox 容器并使用容器内功能。想要使用容器的功能，需要创建运行容器。想要退出的时候，可以用“exit”命令。创建运行 BusyBox 容器的命令如下。

```
# docker run -it busybox
```

退出容器的命令如下。

```
# exit
```

容器成功运行之后，就可以尝试在里面使用 Shell 命令。本任务使用“grep”“ip addr”“mount”命令做示范，读者可以在 BusyBox 容器里尝试更多的 Linux 系统上的命令。

“grep”命令用于查找文件里符合描述的字符串，可以通过在终端输入“grep”命令查看可携带的参数。“grep”命令如下，其执行结果如图 5-11 所示。

```
# grep
```

```
/ # grep
BusyBox v1.31.1 (2019-10-28 18:40:01 UTC) multi-call binary.

Usage: grep [-HhnlLoqvsriwFE] [-m N] [-A/B/C N] PATTERN/-e PATT

Search for PATTERN in FILEs (or stdin)

        -H      Add 'filename:' prefix
        -h      Do not add 'filename:' prefix
        -n      Add 'line_no:' prefix
        -l      Show only names of files that match
        -L      Show only names of files that don't match
        -c      Show only count of matching lines
        -o      Show only the matching part of line
```

图 5-11 “grep”命令

“ip addr”命令如下，其作用为查看当前设备的 IP 地址。图 5-12 所示的“1：lo”所在段中的 inet 后的数字即当前设备的 IP 地址。

```
# ip addr
```

```
[root@node01 ~]# ip addr
1: lo: <LOOPBACK,UP,LOWER_UP> mtu 65536 qdisc noqueue state UNKNOWN group defaul
t qlen 1000
    link/loopback 00:00:00:00:00:00 brd 00:00:00:00:00:00
    inet 127.0.0.1/8 scope host lo
       valid_lft forever preferred_lft forever
    inet6 ::1/128 scope host
       valid_lft forever preferred_lft forever
2: ens33: <BROADCAST,MULTICAST,UP,LOWER_UP> mtu 1500 qdisc pfifo_fast state UP g
roup default qlen 1000
    link/ether 00:0c:29:42:fa:9c brd ff:ff:ff:ff:ff:ff
    inet 192.168.146.131/24 brd 192.168.146.255 scope global noprefixroute dynam
ic ens33
       valid_lft 1280sec preferred_lft 1280sec
    inet6 fe80::bf69:1223:c9f9:28c/64 scope link noprefixroute
       valid_lft forever preferred_lft forever
```

图 5-12 查看 IP 地址

“mount”命令如下，其作用为挂载系统外的文件，比如镜像文件。图 5-13 中的“mount”命令没有携带参数，效果是显示当前系统中已经挂载的文件系统信息。

```
# mount
```

```
[root@node01 ~]# mount
sysfs on /sys type sysfs (rw,nosuid,nodev,noexec,relatime,seclabel)
proc on /proc type proc (rw,nosuid,nodev,noexec,relatime)
devtmpfs on /dev type devtmpfs (rw,nosuid,seclabel,size=1918588k,nr_inodes=47964
7,mode=755)
securityfs on /sys/kernel/security type securityfs (rw,nosuid,nodev,noexec,relat
ime)
tmpfs on /dev/shm type tmpfs (rw,nosuid,nodev,seclabel)
devpts on /dev/pts type devpts (rw,nosuid,noexec,relatime,seclabel,gid=5,mode=62
0,ptmxmode=000)
tmpfs on /run type tmpfs (rw,nosuid,nodev,seclabel,mode=755)
tmpfs on /sys/fs/cgroup type tmpfs (ro,nosuid,nodev,noexec,seclabel,mode=755)
cgroup on /sys/fs/cgroup/systemd type cgroup (rw,nosuid,nodev,noexec,relatime,se
clabel,xattr,release_agent=/usr/lib/systemd/systemd-cgroups-agent,name=systemd)
pstore on /sys/fs/pstore type pstore (rw,nosuid,nodev,noexec,relatime)
cgroup on /sys/fs/cgroup/hugetlb type cgroup (rw,nosuid,nodev,noexec,relatime,se
clabel,hugetlb)
cgroup on /sys/fs/cgroup/memory type cgroup (rw,nosuid,nodev,noexec,relatime,sec
label,memory)
```

图 5-13 “mount”命令

任务 5.2 创建 MySQL 云容器

工作任务

数据库就像图书馆一样，把想要的数据存储到里面，在想用的时候取出来。MySQL 数据库是广受程序开发者欢迎的数据库产品之一，它也是具有代表性的关系数据库管理系统。

本任务介绍 MySQL 数据库的相关知识和容器部署方法。

相关知识

1. MySQL

MySQL 网站界面如图 5-14 所示，是在 Web 应用上表现优异的关系数据库管理系统（Relational Database Management System，RDBMS）产品。数据库是按照数据结构来存储、组织和管理数据的仓库，关系数据库就是建立在关系模型上的数据库，通过数学概念和方法来处理和管理数据。

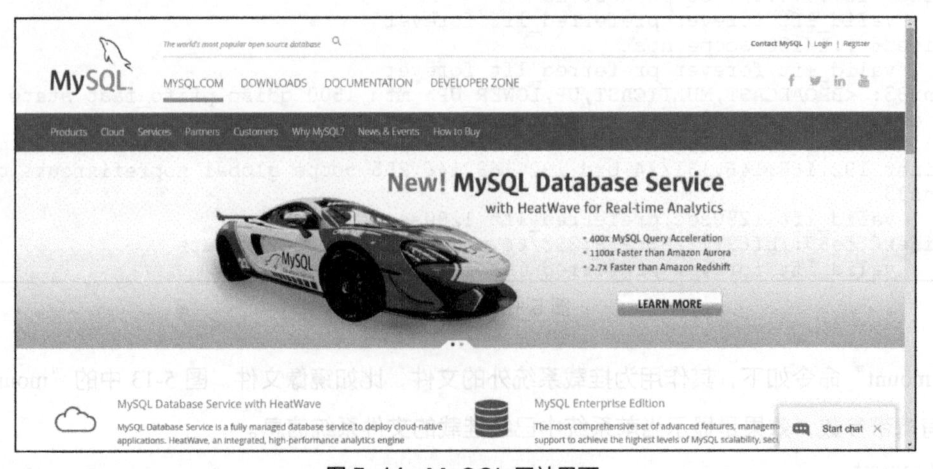

图 5-14 MySQL 网站界面

MySQL 是一款开源的数据库，现在隶属于 Oracle 公司。MySQL 可以运行在多个系统上，自身使用 SQL 数据语言，支持多种编程语言，对 PHP 语言有很好的支持，这些都是 MySQL 成为 Web 服务中常用的数据库产品的原因。

2. OceanBase

OceanBase 是阿里旗下的蚂蚁金服开发的金融级分布式关系数据库，OceanBase 分为社区版和企业版：社区版包含所有核心功能，并且源代码完全公开，免费使用；企业版的 OceanBase 在社区版的基础上提供更多功能，增加了商业特性且更易于操作使用。

OceanBase 具有高可用、可扩展、低成本、高兼容、混合事务和分析处理（Hybrid Transactional/Analytical Processing，HTAP）和多租户的特点。作为金融数据库，它服务于各大银行和金融机构，如建设银行、中国人保健康和网商银行等。

任务实施

部署 MySQL 容器和部署 BusyBox 容器的过程相同，需要先下载 MySQL 镜像，然后创建运行 MySQL 的容器，本例简单介绍在容器中创建数据库、创建数据表、插入数据和查询数据。

用“pull”命令从 Docker 中下载 MySQL 最新版本的数据库，其执行结果如图 5-15 所示。

```
# docker pull daocloud.io/library/mysql:latest
```

```
[root@localhost ~]# docker pull daocloud.io/library/mysql:latest
latest: Pulling from library/mysql
8559a31e96f4: Pull complete
d51ce1c2e575: Pull complete
c2344adc4858: Pull complete
fcf3ceff18fc: Pull complete
16da0c38dc5b: Pull complete
b905d1797e97: Pull complete
4b50d1c6b05c: Pull complete
c75914a65ca2: Pull complete
1ae8042bdd09: Pull complete
453ac13c00a3: Pull complete
9e680cd72f08: Pull complete
a6b5dc864b6c: Pull complete
Digest: sha256:0ba38ea9c478d1e98b2f0bc0cee5a62345c9f06f78c4b48123bdc
Status: Downloaded newer image for daocloud.io/library/mysql:latest
```

图 5-15　下载 MySQL 镜像

查看当前容器中的镜像信息的命令如下，其执行结果如图 5-16 所示。

```
# docker images
```

```
[root@localhost ~]# docker  images
REPOSITORY                      TAG
daocloud.io/library/mysql       latest
192.168.195.17:5000/busybox     latest
busybox                         latest
192.168.195.17:5000/registry    latest
registry                        latest
```

图 5-16　查看 MySQL 镜像

运行 MySQL 的命令如下，--name 参数设置名称，-e 参数配置数据库的密码，-d 参数是需要启动的镜像路径。

```
# docker run --name szpt-mysql -e MYSQL_ROOT_PASSWORD=123456 -d daocloud.io/library/mysql:latest
```

运行 MySQL 数据库容器的命令如下。

```
# docker exec -it szpt-mysql bash
```

进入 MySQL 数据库的命令如下，其执行结果如图 5-17 所示。

```
# mysql -uroot -p123456
```

```
root@5538deceb9cd:/# mysql -uroot -p123456
mysql: [Warning] Using a password on the command line in
Welcome to the MySQL monitor.  Commands end with ; or \g
Your MySQL connection id is 8
Server version: 8.0.20 MySQL Community Server - GPL

Copyright (c) 2000, 2020, Oracle and/or its affiliates.

Oracle is a registered trademark of Oracle Corporation a
affiliates. Other names may be trademarks of their respe
owners.

Type 'help;' or '\h' for help. Type '\c' to clear the cu

mysql>
```

图 5-17　进入 MySQL 数据库

创建数据库 SZPT 的命令如下，其执行结果如图 5-18 所示。

```
# create database SZPT;
```

```
mysql> create database SZPT;
Query OK, 1 row affected (0.01 sec)

mysql> show databases;
+--------------------+
| Database           |
+--------------------+
| SZPT               |
| information_schema |
| mysql              |
| performance_schema |
| sys                |
+--------------------+
5 rows in set (0.00 sec)
```

图 5-18　创建数据库 SZPT

创建数据表 student，其中包含三个字段，分别为 number、name 和 age，命令如下。

```
use SZPT;
create table student(
number char(8) not null primary key,
```

```
name char(6),
age char（3）
);
```

往 student 数据表中插入数据的命令如下。

```
# insert into student values('18240665', 'Wtcat', '21');
```

查询 student 数据表数据的命令如下，其执行结果如图 5-19 所示。

```
# select * from student;
```

```
mysql> select * from student;
+----------+-------+------+
| number   | name  | age  |
+----------+-------+------+
| 18240665 | Wtcat | 21   |
+----------+-------+------+
1 row in set (0.01 sec)
```

图 5-19　查询数据表

退出数据库的命令如下，其执行结果如图 5-20 所示。

```
# exit
```

```
mysql> exit
Bye
```

图 5-20　退出 MySQL

退出容器的命令如下，其执行结果如图 5-21 所示。

```
# exit
```

```
root@5538deceb9cd:/# exit
exit
[root@localhost ~]#
```

图 5-21　退出 MySQL 容器

对容器进行了操作之后，我们给 MySQL 容器打上标签并将其上传到 registry，给 MySQL 容器打标签的命令如下，操作过程如图 5-22 所示。

```
# docker tag daocloud.io/library/mysql 192.168.195.17:5000/mysql:latest
```

```
[root@node01 ~]# docker tag daocloud.io/library/mysql 192.168.195.17:5000/mysql:
latest
```

图 5-22　给 MySQL 容器打标签

上传 MySQL 镜像的命令如下，其执行结果如图 5-23 所示。

```
# docker push 192.168.195.17:5000/mysql:latest
```

```
[root@localhost ~]# docker push 192.168.195.17:5000/mysql:latest
The push refers to repository [192.168.195.17:5000/mysql]
fd6eae62c2af: Pushed
815032910417: Pushed
d9f2d665b85e: Pushed
5fe2aef9ecd8: Pushed
2de987586bdb: Pushed
3a2464d8e0c0: Pushed
44853bb67274: Pushed
61cbb8ea6481: Pushed
```

图 5-23　上传 MySQL 镜像

上传结果如图 5-24 所示。

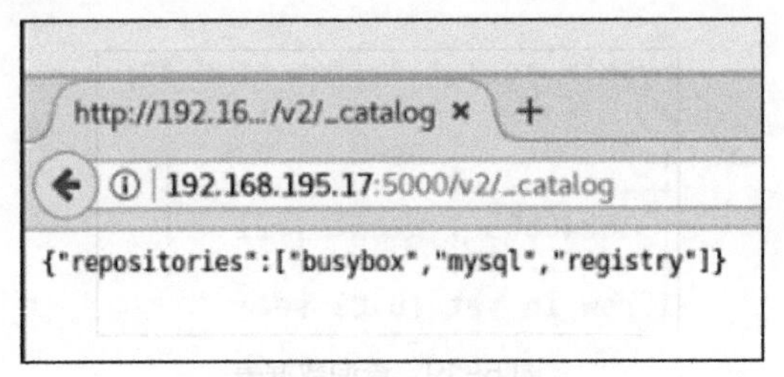

图 5-24　上传结果

上传的镜像用“save”命令即可导出，命令如下，其执行结果如图 5-25 所示。

```
# docker save -o mysql.tar 192.168.195.17:5000/mysql
```

```
[root@localhost ~]# docker save -o mysql.tar  192.168.195.17:5000/mysql
[root@localhost ~]# ls
anaconda-ks.cfg  Documents  images      Kubernetes      Music      origi
Desktop          Downloads  images.zip  Kubernetes.zip  mysql.tar  Pictu
```

图 5-25　导出镜像

任务 5.3　搭建 Web 容器

工作任务

Web 服务在日常生活中可以说是一种常用的服务，其中搜索引擎就是一种每天都会被使用的 Web 服务。随着科技的进步和人们使用习惯的变化，Web 服务逐渐被手机应用取代，越来越多的 Web 服务逐渐转变“战场”。不过，云计算的服务就依赖于 Web 服务，因为 Web 服务只需要有浏览器，不用专门的程序即可运行，用户使用起来方便快捷，这也是云计算选择使用 Web 服务提供服务的原因之一。

本任务讲解 Web 服务的相关知识以及部署 Web 容器。

相关知识

1. NGINX

NGINX 网站界面如图 5-26 所示，是一款 Web 服务器，同时 NGINX 还提供了交互式邮件访问协议（Internet Mail Access Protocol，IMAP）、简单邮件传送协议（Simple Mail Transfer Protocol，SMTP）等服务。NGINX 以占用内存少、并发能力强等特点，成为许多公司搭建 Web 服务的首选。在中国，百度、淘宝、网易等公司都使用了 NGINX。

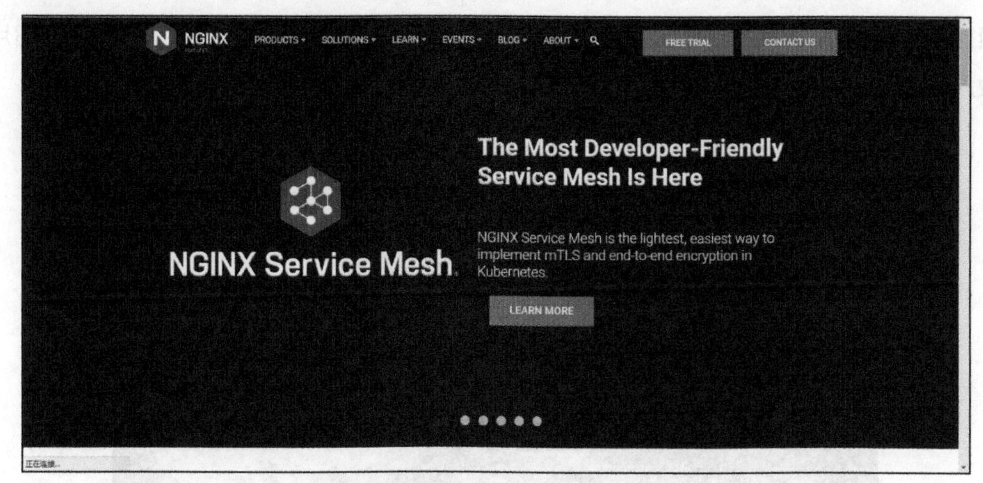

图 5-26　NGINX 网站界面

NGINX 第一个版本于 2004 年发布，开发者伊戈尔·赛索耶夫（Igor Sysoev）开发 NGINX 是为了解决 C10K 问题。C10K 问题指的是单机处理 1 万个并发连接。2011 年，伊戈尔与人合作创办了 NGINX 公司，继续发展和开发企业级的、更加专业的 NGINX plus。第一个 NGINX plus 版本于 2013 年面世，它具备高并发连接、内存消耗少、稳定性高等特点，提供了一个理想的端到端的平台。

2. HTML

为了在浏览器上能够显示规范的内容，超文本标记语言（Hypertext Markup Language，HTML）应运而生。作为一种标记语言，HTML 是由一系列标签组成的，通过这些标签组成描述性文本，显示在浏览器上，HTML 可以描述图片、文本、链接、声音等。HTML 所编写的文档独立于操作系统，可以在不同的操作系统上用浏览器浏览。

HTML 主体结构如图 5-27 所示，包括整体、头部和主体 3 个部分。整体部分由<html></html>这一对标签组成，头部和主体部分包含在<html>标签里。头部标签<head></head>包含网页的标题<title>、文档的编码格式<meta>等信息。主体标签<body></body>包含网页的主要显示内容。

图 5-27　HTML 主体结构

任务实施

在部署 Web 容器之前，先创建一个 HTML 文件，其中的内容读者可以自由发挥，本任务以在网页显示图片为例。准备 HTML 文件，如图 5-28 所示。将准备好的 HTML 文件和要显示的图片文件放入 share 共享文件夹中。

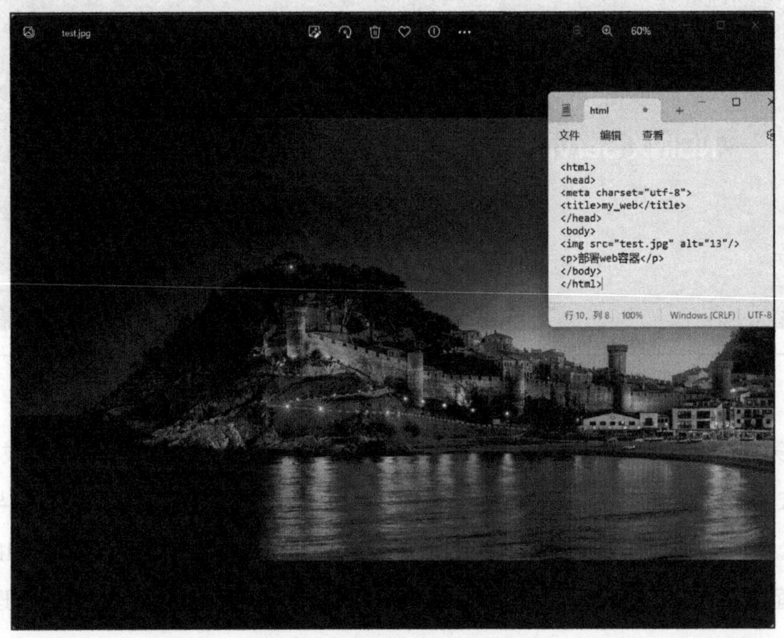

图 5-28 准备 HTML 文件

进入虚拟机，在根目录的桌面文件夹创建一个 html 目录，并把 share 共享文件夹内的 HTML 文件和图片文件复制到 html 目录。创建 html 目录的命令如下，复制文件如图 5-29 所示。

```
# mkdir /root/Desktop/html
```

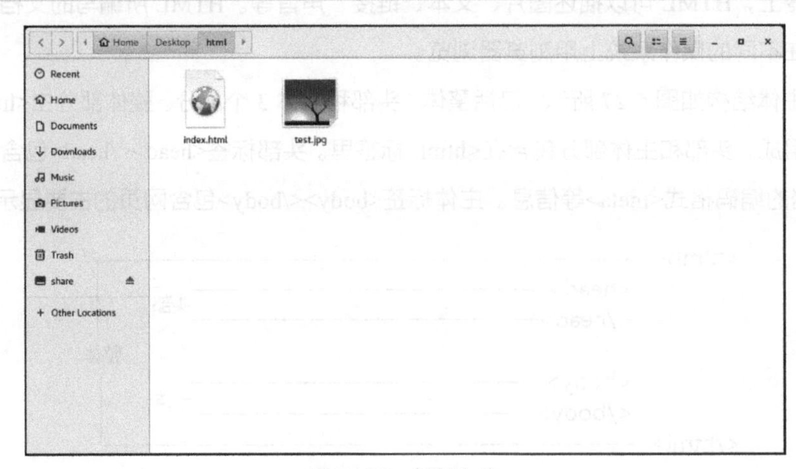

图 5-29 复制文件

用 Docker 导入 NGINX 容器的命令如下，其执行结果如图 5-30 所示。

```
# docker load < /root/images/nginx_latest.tar
```

```
[root@localhost ~]# docker load < /root/images/nginx_latest.tar
b67d19e65ef6: Loading layer [======================================
6eaad811af02: Loading layer [======================================
a89b8f05da3a: Loading layer [======================================
Loaded image: nginx:latest
```

图 5-30 用 Docker 导入 NGINX 容器

运行 NGINX 容器的命令如下。

```
# docker run --name nginx -p 80:80 -v /root/Desktop/html/:/usr/share/nginx/html -d ngin:latest
```

容器运行之后，用浏览器访问网页，如图 5-31 所示，验证是否运行成功。

图 5-31 浏览器访问网页

当对 NGINX 容器做了一些操作之后，可以给它打上相应的标签，并且上传到 registry，还可以导出一份镜像保存在本地。给 NGINX 容器打标签的命令如下。

```
# docker tag nginx 192.168.195.17:5000/nginx:latest
```

上传 NGINX 镜像的命令如下，其执行结果如图 5-32 所示。

```
# docker push 192.168.195.17:5000/nginx:latest
```

```
[root@localhost ~]# docker push 192.168.195.17:5000/nginx:latest
The push refers to repository [192.168.195.17:5000/nginx]
a89b8f05da3a: Pushed
6eaad811af02: Pushed
b67d19e65ef6: Pushed
latest: digest: sha256:f56b43e9913cef097f246d65119df4eda1d61670f
```

图 5-32 上传 NGINX 镜像

查看上传结果，如图 5-33 所示。

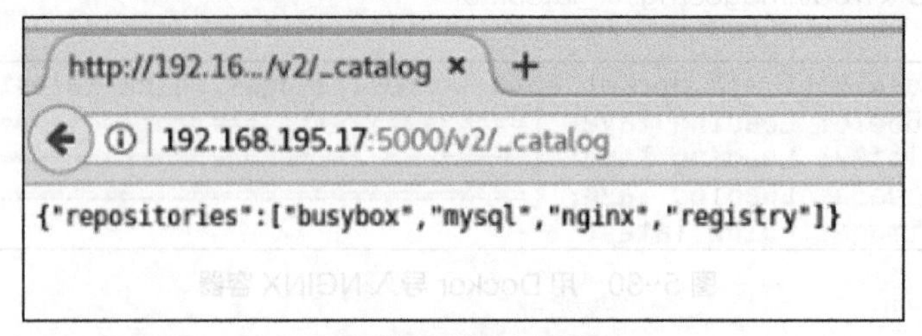

图 5-33　查看上传结果

导出 NGINX 镜像的命令如下。

```
# docker save -o nginx.tar 192.168.195.17:5000/nginx:latest
```

查看容器导出结果的命令如下，其执行结果如图 5-34 所示。

```
# ls
```

```
[root@localhost ~]# ls
anaconda-ks.cfg  Documents  im
Desktop          Downloads  im
```

图 5-34　查看导出结果

任务 5.4　开发云硬盘容器

工作任务

云硬盘与物理硬盘对用户而言，主要的差别在于占用空间不同。对个人来说，没有了空间限制，就可以相对没有顾忌地提升硬盘存储空间，只需要按需支付就能获得理想的存储空间。

本任务介绍云硬盘的相关知识以及如何部署云硬盘容器。

相关知识

1. 云硬盘

云硬盘（Elastic Volume Service，EVS）是为云服务提供块存储服务的，云硬盘类似计算机的硬盘，需要挂载到云服务器上才可以使用，单独的云硬盘就跟计算机的硬盘一样无法使用。挂载在云服务器的硬盘可以执行初始化、创建文件系统等。

2. 独立磁盘冗余阵列

独立磁盘冗余阵列（Redundant Arrays of Independent Disks，RAID）指的是由多块独立的磁盘构成的大容量的磁盘组。独立磁盘冗余阵列的好处在于当阵列中的某一个硬盘出故障或者损坏了，整个磁盘组还能够正常地存取数据，当损坏磁盘被替换成新的，数据经过计算后会存入新硬盘。

RAID 技术主要有以下 3 个基本功能。

- 通过条带化磁盘上数据，实现数据成块存取，减少磁盘的机械寻道时间，提高数据存取速度。
- 通过同时读取一个阵列中的几块磁盘，减少磁盘的机械寻道时间，提高数据存取速度。
- 通过镜像或者存储奇偶校验信息的方式，实现对数据的冗余保护。

RAID 有几个不同的级别，分别是 RAID 0、RAID 1、RAID 0+1 等。RAID 0 只是将硬盘堆叠起来，将数据分割成不同的条带分散写入所有硬盘中，虽然读写的速度提升了，但是没有容错能力，只要一块硬盘出现了问题，数据就会出现断层，导致数据不可用。通常在低安全需求的场合才会使用 RAID 0 来提升存取效率。RAID 0 如图 5-35 所示。

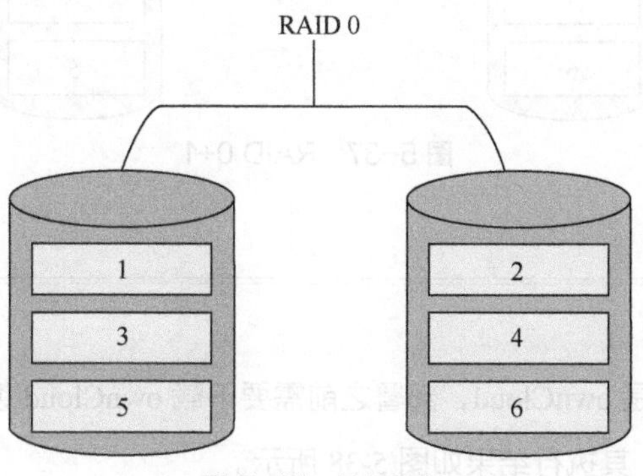

图 5-35 RAID 0

RAID 1 如图 5-36 所示，被称为磁盘镜像，意思就是一块磁盘是另一块磁盘的镜像。比如存在两个磁盘，一个磁盘存储数据，另一个磁盘作为存储数据磁盘的备份。与 RAID 0 相比，RAID 1 的抗风险能力更强，但牺牲了存储空间，存储成本上升。如果 RAID 1 中有一个磁盘出现故障，需要及时更换硬盘，不然容易让整个系统崩溃。更换故障硬盘之后，RAID 1 需要很长的时间恢复数据，存储的数据越多，恢复的速度就越慢，因此 RAID 1 被用在保护关键数据的场合。

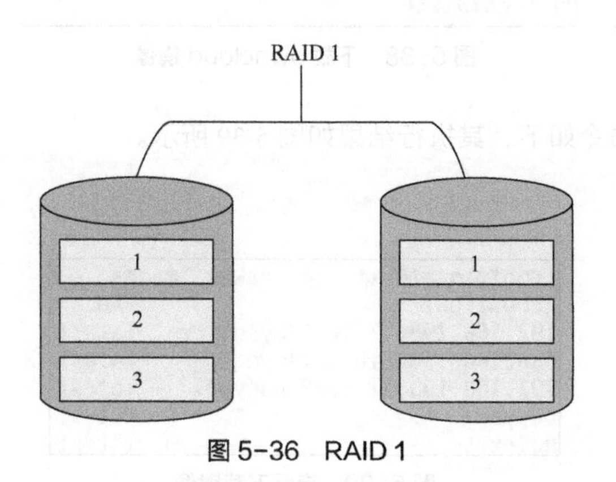

图 5-36 RAID 1

单独使用 RAID 1 或 RAID 0 会导致资源利用率低或者数据安全保障不高，因此出现了将两者的优点结合起来的产物 RAID 0+1，如图 5-37 所示。在磁盘镜像中建立带区集，将数据分散在多个磁盘上，每个磁盘又有相应的镜像盘，允许一个以上的磁盘发生故障，但只要故障盘的镜像盘没有出现故障，就不会影响数据可用性。

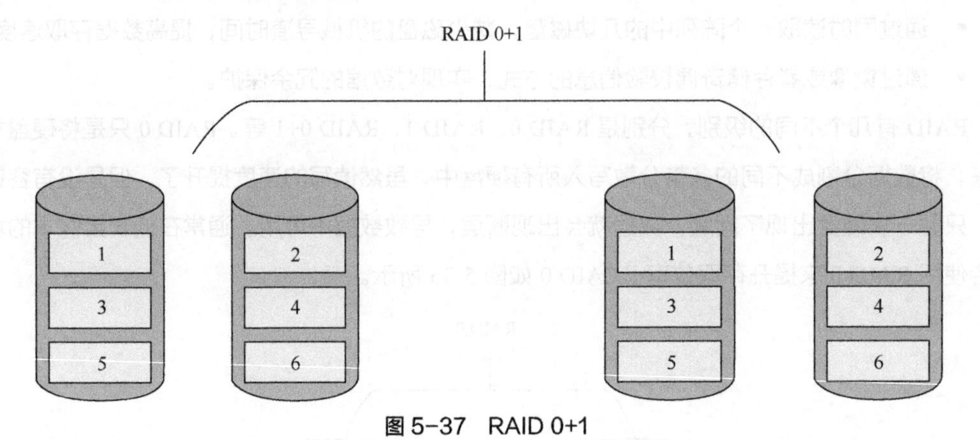

图 5-37　RAID 0+1

任务实施

本任务部署的云硬盘是 ownCloud，部署之前需要下载 ownCloud 镜像并查看下载的镜像。下载 ownCloud 的命令如下，其执行结果如图 5-38 所示。

```
# docker pull daocloud.io/library/owncloud:latest
```

```
[root@localhost ~]# docker pull daocloud.io/library/owncloud:latest
latest: Pulling from library/owncloud
177e7ef0df69: Pull complete
9bf89f2eda24: Pull complete
350207dcf1b7: Pull complete
a8a33d96b4e7: Pull complete
c0421d5b63d6: Pull complete
f76e300fbe72: Pull complete
af9ff1b9ce5b: Pull complete
```

图 5-38　下载 owncloud 镜像

查看下载镜像的命令如下，其执行结果如图 5-39 所示。

```
# docker images
```

```
[root@localhost ~]# docker images
REPOSITORY                        TAG
192.168.195.17:5000/mysql         latest
daocloud.io/library/mysql         latest
192.168.195.17:5000/busybox       latest
busybox                           latest
nginx                             latest
```

图 5-39　查看下载镜像

镜像下载完成之后，运行 ownCloud 容器，命令如下，并使用浏览器访问 ownCloud，如图 5-40 所示。

```
# docker run -d -p 8080:80 daocloud.io/library/owncloud:latest
```

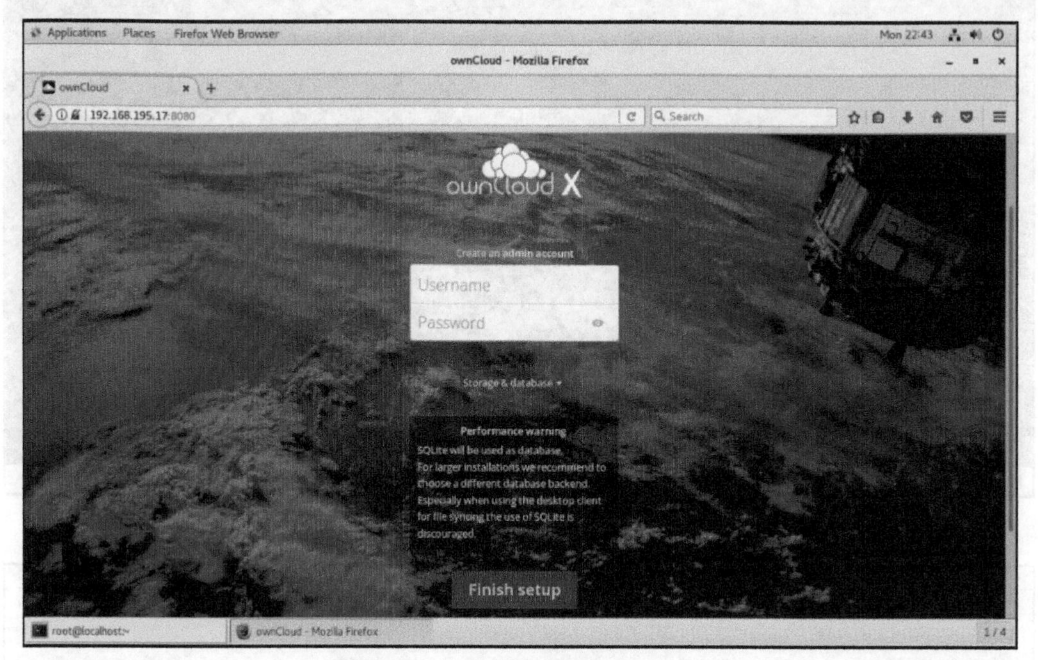

图 5-40　使用浏览器访问 ownCloud

注册账户并登录 ownCloud，拥有一个属于自己的 ownCloud 云硬盘，如图 5-41～图 5-43 所示。

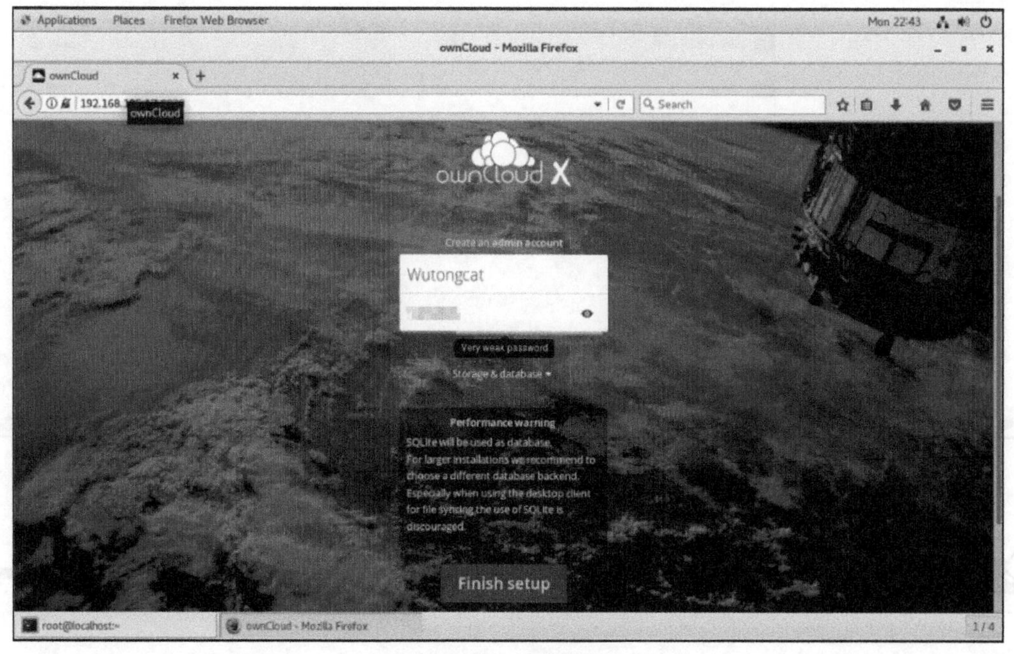

图 5-41　注册账户

图 5-42　登录账户

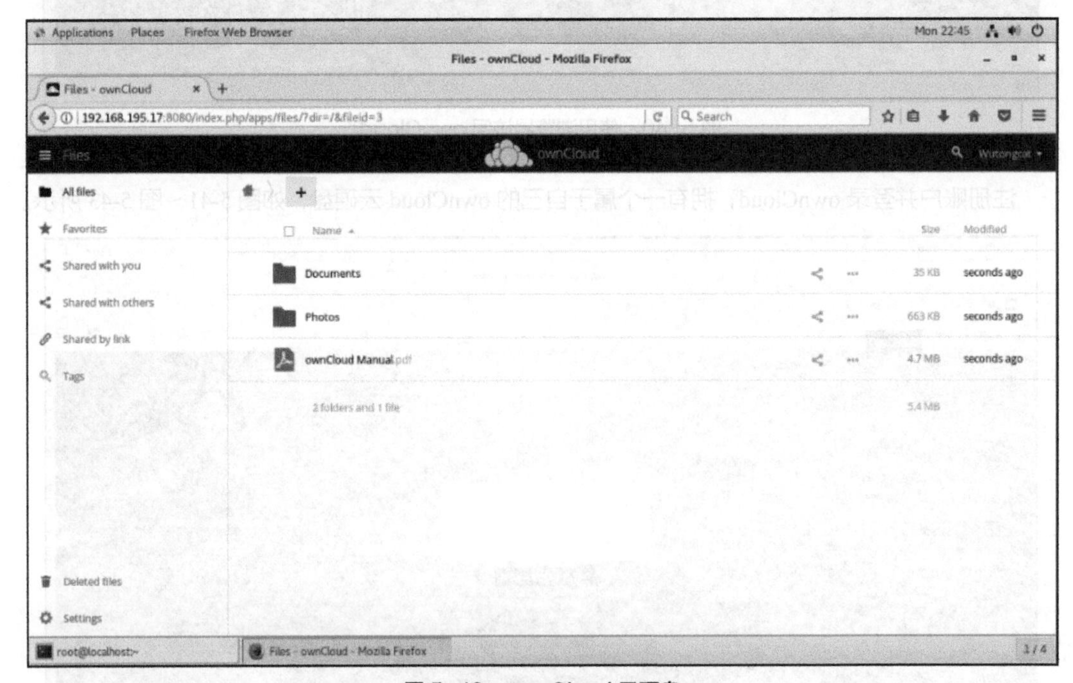

图 5-43　ownCloud 云硬盘

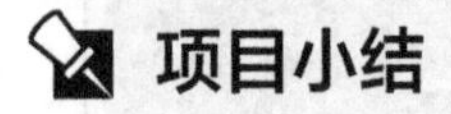

项目小结

本项目在搭建好容器的基础上搭建了 BusyBox、MySQL、Web 容器和云硬盘的容器，这些任务涉及 Linux 管理工具、数据库、Web 服务和硬盘的内容，读者可以在学习完理论的基础上，做一些实际操作，加强实践训练。

思考与训练

1. 选择题

（1）“ip addr”命令的作用是（　　）。

A. 查看 IP 信息　　B. 查看系统信息　　C. 查看全网地址　　D. 查看路由地址

（2）MySQL 支持（　　）编程语言。

A. PHP　　B. Java　　C. Go　　D. Kotlin

（3）在浏览器上显示的文本是（　　）语言编写的。

A. Java　　B. Go　　C. Python　　D. HTML

（4）NGINX 的第一个版本是（　　）年发布的。

A. 2003　　B. 2004　　C. 2005　　D. 2006

（5）以下（　　）磁盘阵列最不可靠。

A. RAID 0　　B. RAID 1　　C. RAID 2　　D. RAID 3

2. 判断题

（1）MySQL 是一个非关系数据库产品。（　　）

（2）Web 服务可以用 NGINX 服务器，也可以用 Apache 服务器。（　　）

（3）HTML 与 MySQL 的通信只能通过 PHP 进行。（　　）

（4）云硬盘可以单独使用。（　　）

3. 简答题

（1）试描述为什么 MySQL 会被 Web 青睐。

（2）云容器搭建的 Web 服务跟不是云容器搭建的 Web 服务相比有区别吗？

（3）可不可以只用 BusyBox 管理 Linux 系统？为什么？

项目6
AI云容器的部署

 问题引入

人工智能（Artificial Intelligence，AI）在当下的社会是一个非常热门的话题，AI 的应用覆盖了汽车、网购、视频、学习、家居等领域，同时越来越多的行业加入了 AI 大军。人工智能的兴起带动了全行业的发展，个人的生活习惯也因人工智能而改变。

知识目标

1. 了解 TensorFlow 框架
2. 了解 Python 相关知识

技能目标

1. 掌握部署 TensorFlow 的方法
2. 掌握部署 TensorFlow 容器的方法

思路指导

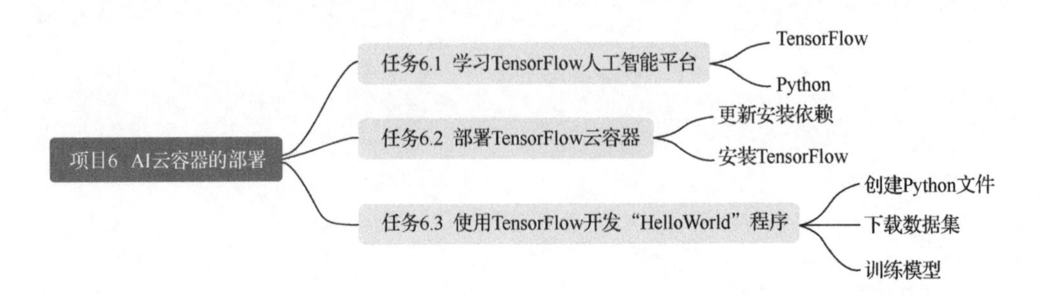

任务 6.1 学习 TensorFlow 人工智能平台

工作任务

经过前面几个项目的学习，我们获得了容器、虚拟机和 Ubuntu 操作系统的相关知识和实践经验，本任务把人工智能和云容器相结合，讲解 TensorFlow 机器学习框架以及如何部署 TensorFlow。

相关知识

1. TensorFlow

TensorFlow 网站界面如图 6-1 所示，是谷歌公司开发的一个开源的机器学习框架。这个框架基于 Python 语言开发，在图形分类、音频处理、自然语言处理等场景下应用丰富，也是当下非常热门的机器学习框架之一。

图 6-1 TensorFlow

TensorFlow 是 Google Brain 团队开发的，在 2015 年首次发布。TensorFlow 允许把神经网络部署到 CPU 服务器、GPU 服务器、计算机甚至是移动设备上。TensorFlow 的部署对 CPU 或 GPU 的数量没有限制，CPU 或 GPU 的数量越多，相对的运行效率就会越高。TensorFlow 支持多种 CPU 和 GPU，有预训练的模型，还支持常用的神经网络架构，比如递归神经网络（Recursive Neural Network，RNN）、卷积神经网络（Convolutional Neural Network，CNN）和深度置信网络（Deep Belief Network，DBN）。

TensorFlow 还有以下特点。

- 支持流行的编程语言，如 Python、Java、Go、R 等。
- 可以在多种平台上运行。
- 整合了 Keras 高级神经网络 API。
- 很好的社区支持。
- 有丰富的库和扩展程序。

针对不同平台的 TensorFlow、库和扩展程序，如图 6-2、图 6-3 所示。

图 6-2 针对不同平台的 TensorFlow

图 6-3 库和扩展程序

2. Python

Python 是一种计算机编程语言。编程语言开发的程序常用来帮助人们工作、减轻工作负担、提高工作效率、提升使用体验等。Python 的作用很多，比如开发网站、网络爬虫、网络游戏的后台等。

在 TIOBE 的编程语言排行榜上，Python 排在第二名，仅次于 C 语言。在 2020 年的 5 月，Python 排在第三名，2021 年 5 月重新回到了第二名。编程语言排名、编程语言逐年趋势、编程语言历史名次，分别如图 6-4～图 6-6 所示。

May 2021	May 2020	Change	Programming Language	Ratings	Change
1	1		C	13.38%	-3.68%
2	3		Python	11.87%	+2.75%
3	2		Java	11.74%	-4.54%
4	4		C++	7.81%	+1.69%
5	5		C#	4.41%	+0.12%
6	6		Visual Basic	4.02%	-0.16%
7	7		JavaScript	2.45%	-0.23%
8	14		Assembly language	2.43%	+1.31%
9	8		PHP	1.86%	-0.63%

图 6-4　编程语言排名

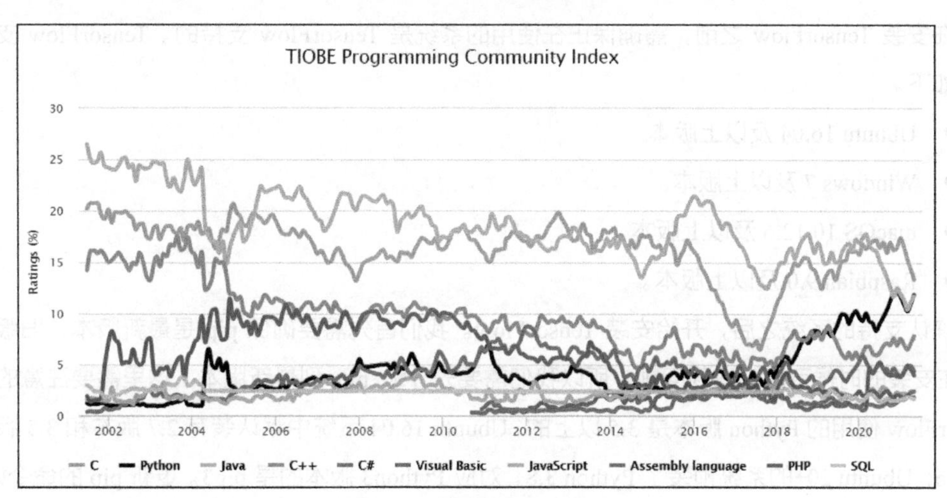

图 6-5　编程语言逐年趋势

Very Long Term History

To see the bigger picture, please find below the positions of the top 10 programming languages of many years back. Please note that these are *average* positions for a period of 12 months.

Programming Language	2021	2016	2011	2006	2001	1996	1991	1986
C	1	2	2	2	1	1	1	1
Java	2	1	1	1	3	26	-	-
Python	3	5	6	8	27	19	-	-
C++	4	3	3	3	2	2	2	8
C#	5	4	5	7	13	-	-	-
Visual Basic	6	13	-	-	-	-	-	-
JavaScript	7	8	10	9	10	32	-	-
PHP	8	6	4	4	11	-	-	-
SQL	9	-	-	-	-	-	-	-
R	10	17	31	-	-	-	-	-
Lisp	34	27	13	14	17	7	4	2
Ada	36	28	17	16	20	8	5	3
(Visual) Basic	-	-	7	6	4	3	3	5

图 6-6　编程语言历史名次

Python 的便利之处在于它为开发者提供了非常完善的基础代码库，涵盖网络、文件、图形用户界面（Graphical User Interface，GUI）、数据库等大量内容。所以，用 Python 开发程序的程序员不用从零开始编写程序，只要在需要的地方用上代码库就能提升开发效率。

Python 除了丰富的内置库，还有大量的第三方库。这些第三方的库是开发者们提供的，他们封装好了代码，提供了各式各样便捷的方法。当越来越多的人参与其中，Python 就会变得越来越简单。对 Python 的基本语法，本书不做讲解，想要深入学习的读者可以自行查阅相关资料。

任务实施

在安装 TensorFlow 之前，需确保正在使用的系统是 TensorFlow 支持的。TensorFlow 支持的系统如下。

- Ubuntu 16.04 及以上版本。
- Windows 7 及以上版本。
- macOS 10.12.6 及以上版本。
- Raspbian 9.0 及以上版本。

确认支持的系统之后，开始安装 TensorFlow。我们首先需要确保 pip 是最新版本，旧版本的 pip 在安装的时候可能会遇到问题，所以我们需要先升级 pip 到最新版本。这里需要注意的是，TensorFlow 使用的 Python 版本是 3.5 以上的，Ubuntu 16.04 系统中默认装有 2.7 版本和 3.5 版本的 Python；Ubuntu 20+的系统预装了 Python 3.8，对应 Python3 版本的是 pip3。更新 pip 的命令如下，其执行结果如图 6-7 所示。

```
#pip3 install --upgrade pip
```

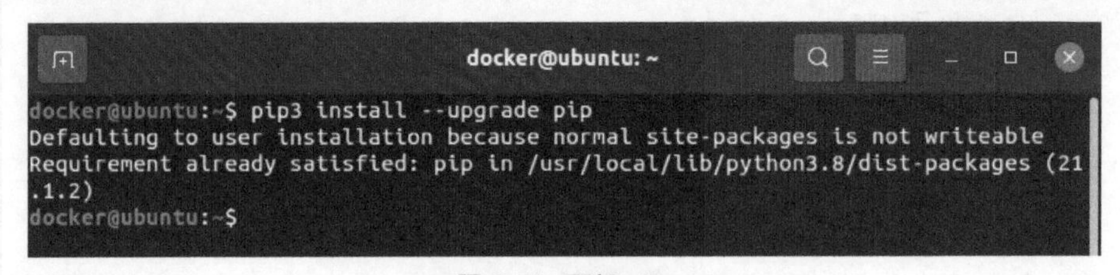

图 6-7　更新 pip

确保 pip 是最新版本之后，使用如下命令安装稳定版的 TensorFlow，其执行结果如图 6-8 所示。

```
# pip3 install tensorflow
```

通过下列命令测试 TensorFlow 是否安装成功，如果有返回张量信息，则表明安装成功。返回的张量信息如图 6-9 所示。

```
# python3 -c "import tensorflow as tf;print(tf.reduce_sum(tf.random.normal([1000, 1000])))"
```

TensorFlow 有仅支持 CPU 或 GPU 的版本和同时支持 CPU 及 GPU 的版本。

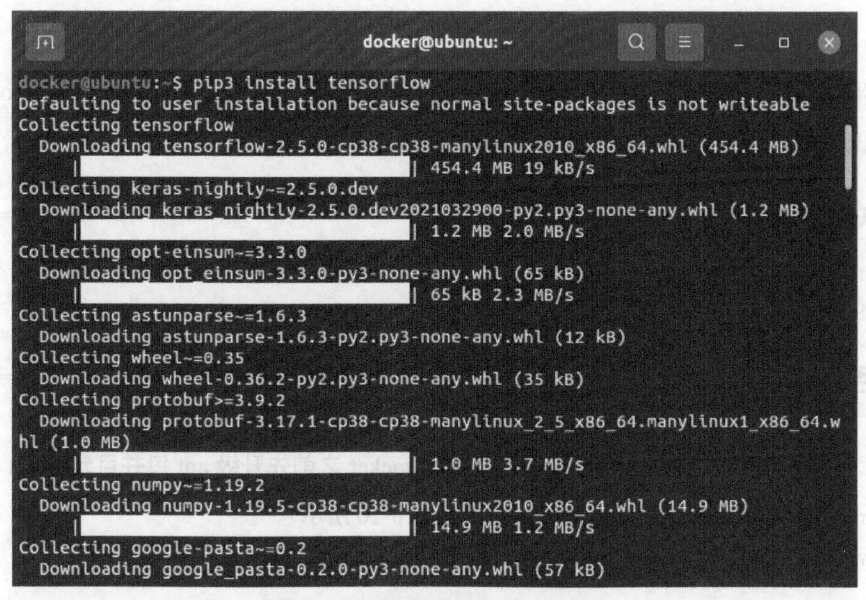

图 6-8　安装稳定版的 TensorFlow

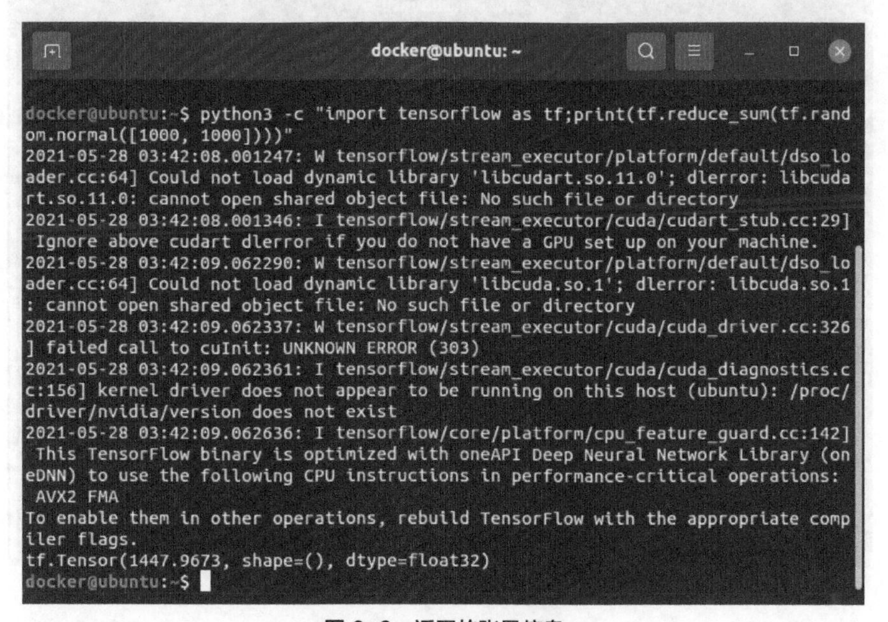

图 6-9　返回的张量信息

任务 6.2　部署 TensorFlow 云容器

工作任务

在 Ubuntu 里直接部署 TensorFlow 的方法已经在任务 6.1 中给读者展示了，对于 TensorFlow 的部署，相信读者已经掌握了。本任务介绍 TensorFlow 在 Ubuntu 下的另一种部署方式——容器部署。

在容器中部署 TensorFlow 相对比在 Ubuntu 里直接部署会方便很多，因为 TensorFlow 这个应用被打包好之后，在不同的容器之间都可以直接部署。

相关知识

TensorFlow 相关知识参考任务 6.1。

任务实施

部署 TensorFlow 容器需要用到 Docker，安装 Docker 之前先升级 apt 包并且允许 apt 从仓库下载 Docker。升级 apt 的命令如下，其执行结果如图 6-10 所示。

```
# sudo apt-get update
```

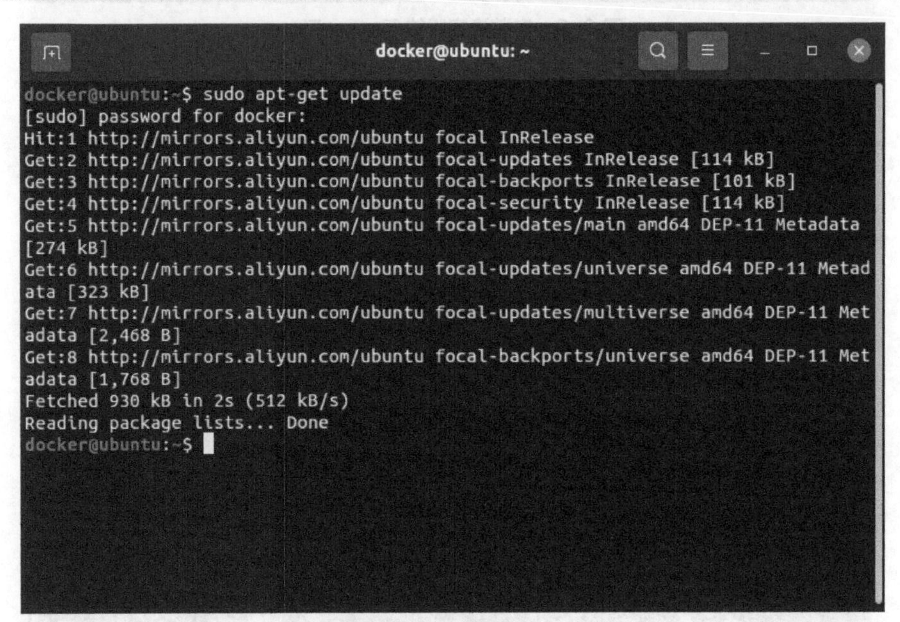

图 6-10　升级 apt

安装包的命令如下，其执行结果如图 6-11 所示。

```
# sudo apt-get install \
    apt-transport-https \
    ca-certificates \
    curl \
    gnupg \
    lsb-release
```

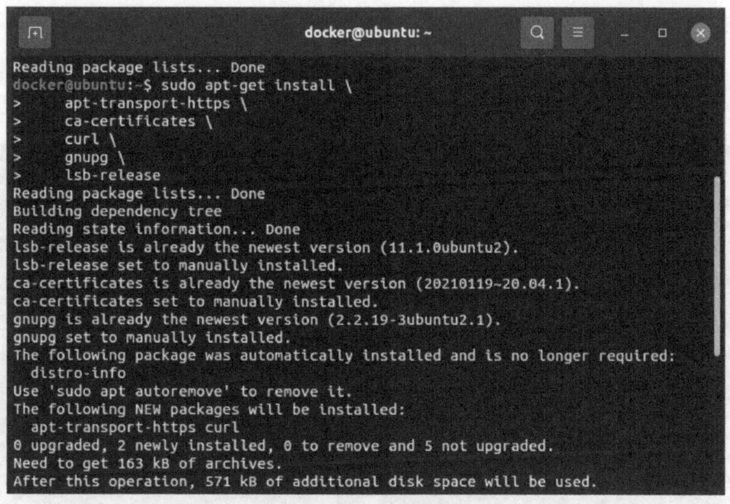

图 6-11　安装包

添加 Docker 官方的 GPG 密钥命令如下，其执行结果如图 6-12 所示。

```
# curl -fsSL https://download.docker.com/linux/ubuntu/gpg | sudo gpg --dearmor -o
/usr/share/keyrings/docker-archive-keyring.gpg
```

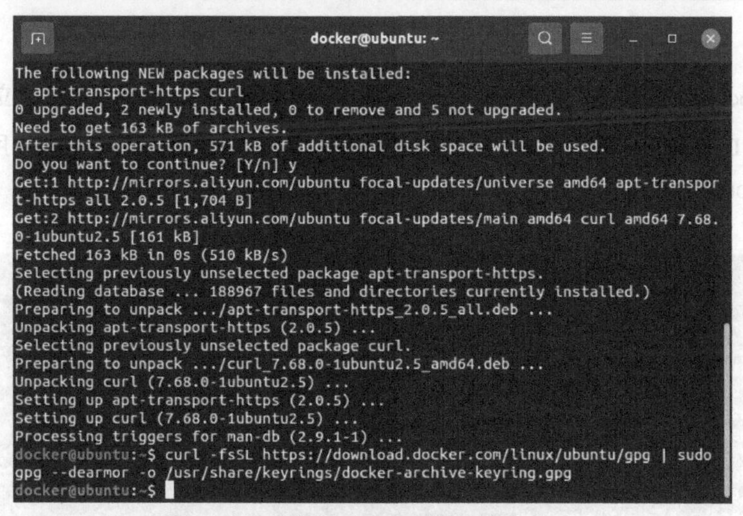

图 6-12　添加 Docker 官方的 GPG 密钥

建立稳定版的仓库，命令如下。

```
# echo \
"deb [arch=amd64 signed-by=/usr/share/keyrings/docker-archive-keyring.gpg]
https://download.docker.com/linux/ubuntu \
  $(lsb_release -cs) stable" | sudo tee /etc/apt/sources.list.d/docker.list > /dev/null
```

仓库更改之后，需要再次更新 apt。然后开始安装 Docker 引擎，命令如下，其执行结果如图 6-13 所示。

```
# sudo apt-get update
# sudo apt-get install docker-ce docker-ce-cli containerd.io
```

```
docker@ubuntu: ~
E: Couldn't find any package by regex 'containerd.io'
docker@ubuntu:~$ sudo apt-get update
Hit:1 http://mirrors.aliyun.com/ubuntu focal InRelease
Hit:2 http://mirrors.aliyun.com/ubuntu focal-updates InRelease
Get:3 https://download.docker.com/linux/ubuntu focal InRelease [41.0 kB]
Hit:4 http://mirrors.aliyun.com/ubuntu focal-backports InRelease
Get:5 https://download.docker.com/linux/ubuntu focal/stable amd64 Packages [9,33
5 B]
Get:6 http://mirrors.aliyun.com/ubuntu focal-security InRelease [114 kB]
Fetched 164 kB in 1s (177 kB/s)
Reading package lists... Done
docker@ubuntu:~$ sudo apt-get install docker-ce docker-ce-cli containerd.io
Reading package lists... Done
Building dependency tree
Reading state information... Done
The following package was automatically installed and is no longer required:
  distro-info
Use 'sudo apt autoremove' to remove it.
The following additional packages will be installed:
  docker-ce-rootless-extras docker-scan-plugin git git-man liberror-perl pigz
  slirp4netns
Suggested packages:
  aufs-tools cgroupfs-mount | cgroup-lite git-daemon-run | git-daemon-sysvinit
  git-doc git-el git-email git-gui gitk gitweb git-cvs git-mediawiki git-svn
```

图 6-13　更新 apt 和安装 Docker 引擎

安装好 Docker 引擎后，开始安装 TensorFlow。官方 TensorFlow Docker 映像位于 tensorflow/tensorflow，即 Docker Hub 代码库中。下载镜像的命令如下，其执行结果如图 6-14 所示。

```
# docker pull tensorflow/tensorflow
```

图 6-14　下载镜像

镜像下载好之后启动运行，测试是否安装成功。测试结果的命令如下，其执行结果如图 6-15 所示。

```
# docker run -it --rm tensorflow/tensorflow \
    python -c "import tensorflow as tf; print(tf.reduce_sum(tf.random.normal([1000, 1000])))"
```

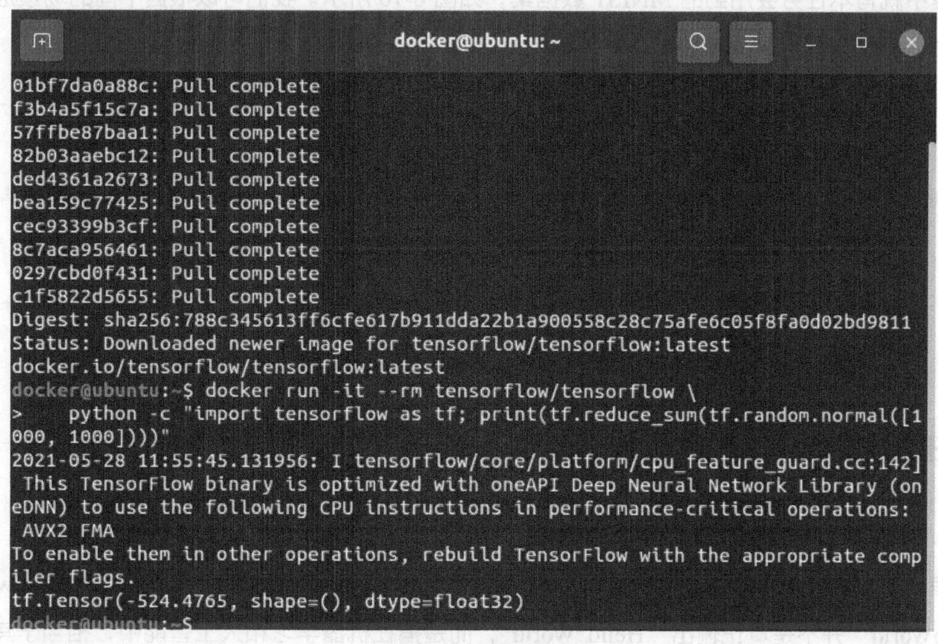

图 6-15　测试结果

任务 6.3　使用 TensorFlow 开发“HelloWorld”程序

工作任务

TensorFlow 的两种不同部署方式，相信读者已经掌握了。容器部署方式相比直接部署更加便捷，两者的功能作用没有差别。因此，如果想要移植性好、部署方便，可以选用容器方式部署 TensorFlow。

本任务基于部署好的 TensorFlow，在上面开发简单的应用程序。本任务介绍手写数字的识别、服装图像分类和电影评论分类这 3 个实验，分别涉及图像识别、图像分类和文本分类。

相关知识

数据集

说到人工智能、机器学习，总是离不开数据集。为了让计算机能够“理解”人类创造的事物、自然界的事物以及人类所不能完成的事物，就需要让计算机像人类发展历程一样，不断学习。人类学习的途径多种多样，计算机学习外界知识的途径同样也不少，但对数据集的学习，是大多数人工智能应用的首选。

网络上有不少公开的数据集可以下载，比如阿里云天池数据集整合了大量的免费数据集供下载，其中就有本任务会用到的 MNIST 数据集，如图 6-16 所示。我们可以根据不同的场景选用不同的数据集。

图 6-16　MNIST 数据集

任务实施

1. 手写数字识别

首先，创建一个 helloworld.py 文件，用来存储“HelloWorld”的源代码。在 TensorFlow 中，“HelloWorld”并不是真正输出“Hello World”，而是指在机器学习和人工智能中，相当于其他语言的“HelloWorld”地位的入门程序，是训练手写数字的识别。

用“touch”命令创建一个 helloworld.py 文件，存储手写数字识别程序，命令如下。

```
# touch helloworld.py
```

文件创建完成后，用“ls”命令查看是否成功创建，若创建失败，则需重新创建一个，命令如下，结果如图 6-17 所示。

```
# ls
```

图 6-17　查看创建的文件

编辑 helloworld.py 文件的命令如下，其执行结果如图 6-18 所示。

```
# gedit helloworld.py
```

图 6-18 编辑 helloworld.py 文件

导入下载好的 TensorFlow，代码如下。

```
import tensorflow as tf
```

在编写程序之前，需要准备好 MNIST 数据集：下载训练集和测试集，以及两个数据集的标签。如果不下载数据集，Keras 在检测不到数据集的情况下会自动下载数据集。下载 MNIST 数据集，如图 6-19 所示。

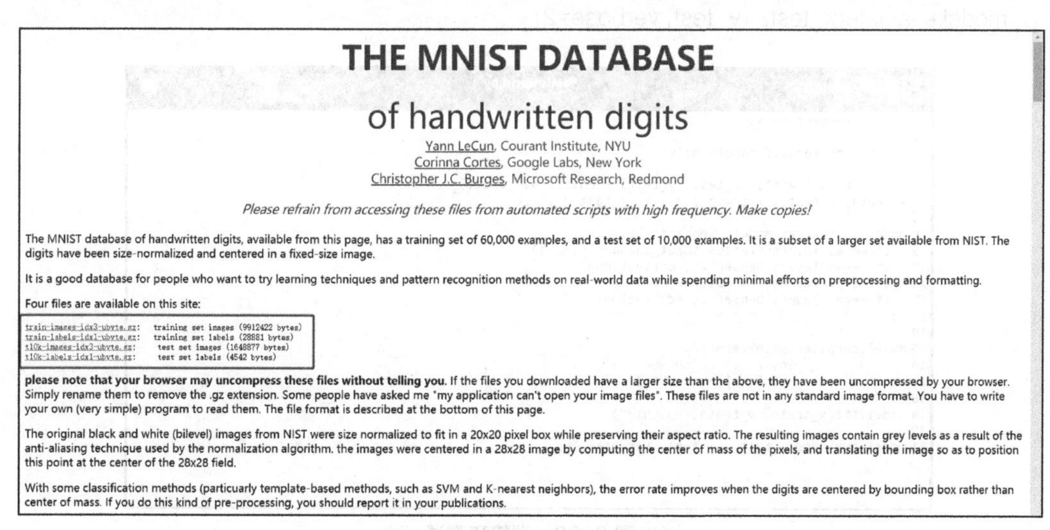

THE MNIST DATABASE

of handwritten digits

Yann LeCun, Courant Institute, NYU
Corinna Cortes, Google Labs, New York
Christopher J.C. Burges, Microsoft Research, Redmond

Please refrain from accessing these files from automated scripts with high frequency. Make copies!

The MNIST database of handwritten digits, available from this page, has a training set of 60,000 examples, and a test set of 10,000 examples. It is a subset of a larger set available from NIST. The digits have been size-normalized and centered in a fixed-size image.

It is a good database for people who want to try learning techniques and pattern recognition methods on real-world data while spending minimal efforts on preprocessing and formatting.

Four files are available on this site:

```
train-images-idx3-ubyte.gz:  training set images (9912422 bytes)
train-labels-idx1-ubyte.gz:  training set labels (28881 bytes)
t10k-images-idx3-ubyte.gz:   test set images (1648877 bytes)
t10k-labels-idx1-ubyte.gz:   test set labels (4542 bytes)
```

please note that your browser may uncompress these files without telling you. If the files you downloaded have a larger size than the above, they have been uncompressed by your browser. Simply rename them to remove the .gz extension. Some people have asked me "my application can't open your image files". These files are not in any standard image format. You have to write your own (very simple) program to read them. The file format is described at the bottom of this page.

The original black and white (bilevel) images from NIST were size normalized to fit in a 20x20 pixel box while preserving their aspect ratio. The resulting images contain grey levels as a result of the anti-aliasing technique used by the normalization algorithm. the images were centered in a 28x28 image by computing the center of mass of the pixels, and translating the image so as to position this point at the center of the 28x28 field.

With some classification methods (particuarly template-based methods, such as SVM and K-nearest neighbors), the error rate improves when the digits are centered by bounding box rather than center of mass. If you do this kind of pre-processing, you should report it in your publications.

图 6-19 下载 MNIST 数据集

样本准备好之后，将样本的整数型数据转化成浮点型数据，代码如下。

```
mnist = tf.keras.datasets.mnist

(x_train, y_train), (x_test, y_test) = mnist.load_data()
x_train, x_test = x_train / 255.0, x_test / 255.0
```

之后把各层模型堆叠起来，搭建 tf.keras.Sequential 模型，代码如下。

```
model = tf.keras.models.Sequential([
    tf.keras.layers.Flatten(input_shape=(28, 28)),
    tf.keras.layers.Dense(128, activation='relu'),
    tf.keras.layers.Dropout(0.2),
    tf.keras.layers.Dense(10, activation='softmax')
])
```

为模型选择一个损失函数，代码如下。

```
model.compile(optimizer='adam',
              loss='sparse_categorical_crossentropy',
              metrics=['accuracy'])
```

最后对模型进行训练和测试，训练的方法是 fit()，测试的方法是 evaluate()。训练和测试、运行程序、训练和验证结果，如图 6-20～图 6-22 所示。

训练、测试的代码如下。

```
model.fit(x_train, y_train, epochs=5)

model.evaluate(x_test,  y_test, verbose=2)
```

图 6-20　训练和测试

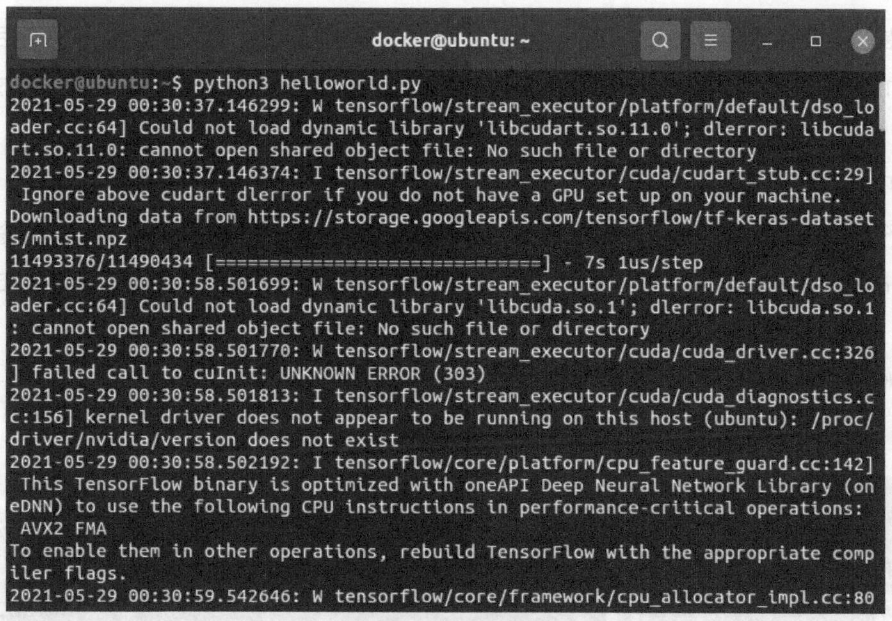

图 6-21　运行程序

```
docker@ubuntu: ~
1277/1875 [==================>..........] - ETA: 1s - loss: 0.0757 - accuracy:
1306/1875 [==================>..........] - ETA: 1s - loss: 0.0758 - accuracy:
1334/1875 [===================>.........] - ETA: 0s - loss: 0.0764 - accuracy:
1366/1875 [===================>.........] - ETA: 0s - loss: 0.0763 - accuracy:
1398/1875 [=====================>........] - ETA: 0s - loss: 0.0767 - accuracy:
1428/1875 [=====================>........] - ETA: 0s - loss: 0.0765 - accuracy:
1461/1875 [======================>.......] - ETA: 0s - loss: 0.0773 - accuracy:
1493/1875 [======================>.......] - ETA: 0s - loss: 0.0773 - accuracy:
1522/1875 [=======================>......] - ETA: 0s - loss: 0.0773 - accuracy:
1551/1875 [=======================>......] - ETA: 0s - loss: 0.0777 - accuracy:
1581/1875 [========================>.....] - ETA: 0s - loss: 0.0778 - accuracy:
1611/1875 [========================>.....] - ETA: 0s - loss: 0.0775 - accuracy:
1645/1875 [=========================>....] - ETA: 0s - loss: 0.0776 - accuracy:
1677/1875 [=========================>....] - ETA: 0s - loss: 0.0776 - accuracy:
1711/1875 [==========================>...] - ETA: 0s - loss: 0.0771 - accuracy:
1742/1875 [==========================>...] - ETA: 0s - loss: 0.0773 - accuracy:
1777/1875 [===========================>..] - ETA: 0s - loss: 0.0774 - accuracy:
1807/1875 [===========================>..] - ETA: 0s - loss: 0.0778 - accuracy:
1837/1875 [============================>.] - ETA: 0s - loss: 0.0776 - accuracy:
1864/1875 [============================>.] - ETA: 0s - loss: 0.0773 - accuracy:
1875/1875 [==============================] - 3s 2ms/step - loss: 0.0772 - accuracy: 0.9762
313/313 - 0s - loss: 0.0764 - accuracy: 0.9772
docker@ubuntu:~$
```

图 6-22　训练和验证结果

2. 服装图像分类

服装产品的分类对于购物 App 来说是不可绕开的一环，没有产品分类，消费者寻找商品的时候会没有头绪，无法准确找到自己想要的产品（如鞋子、帽子等）。因此服饰产品的分类在销售过程中显得尤为重要：能够帮助客户更快定位想要的产品类型，进而推送相关产品给客户，达到销售的目的。

服装图像分类会用到 Keras。Keras 是 Python 的深度学习 API，以 TensorFlow 作为后端支持 Keras 的运行。这里不是直接使用 Keras 或直接导入 Keras，而是通过 TensorFlow 导入经过打磨后的 API“keras”，其代码如下。

```
from tensorflow import keras
```

进行程序开发的第一步，创建一个 Python 文件，用于保存程序。用“touch”命令创建一个名为 cloth.py 的文件，并且用“ls”命令查看文件是否创建成功，命令如下，结果如图 6-23 所示。

```
touch cloth.py
ls
```

图 6-23　用“ls”命令查看文件是否创建成功

文件创建成功之后，进入 cloth.py 文件，编写程序，命令如下。

```
gedit cloth.py
```

本程序将会使用 TensorFlow 以及 Keras，所以需要在文件开头导入这两个库。进入 cloth.py 文件，添加如下内容导入 TensorFlow 以及 Keras，以满足之后程序开发所需要的功能需求。

```
import tensorflow as tf
from tensorflow import keras
```

在进行图像分类时，还需要额外用到 NumPy 库和 Matplotlib 库。NumPy 库是 Python 的科学计算基础软件库，是众多 Python 库中的一个。Matplotlib 库是 Python 的 2D 绘图库，它可以生成图表、直方图、功率谱、条形图、误差图、散点图等。

服装图像分类需要用 NumPy 库进行科学计算，用 Matplotlib 库输出分类结果的图表，让使用者能够更加直观地看到最终的分类结果。

在使用这两个库之前，需要确保计算机上安装了 NumPy 和 Matplotlib，用以下命令安装 NumPy 和 matplotlib。

```
pip install numpy
pip install matplotlib
```

如果计算机上已经安装了某库，就会提示该库已存在。如本任务在安装 NumPy 时，计算机已经安装过这个库，因此在执行命令的时候会提示 NumPy 库已经安装。NumPy 库已存在的提醒如图 6-24 所示。

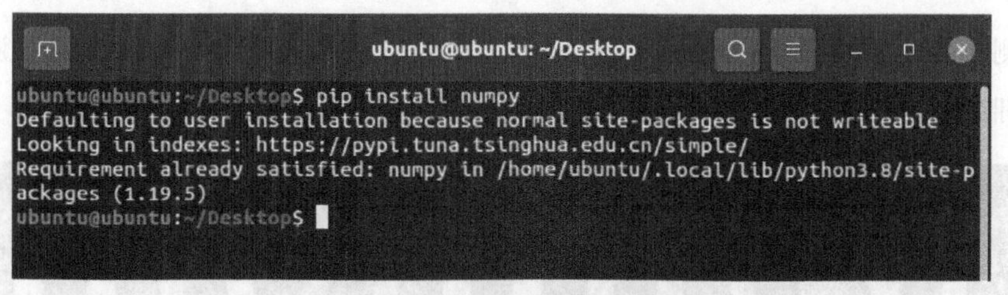

图 6-24　NumPy 库已存在的提醒

安装 Matplotlib，如图 6-25 所示。若计算机未安装该库，将显示安装过程和进度，直至最后安装成功的提示。如果 Matplotlib 安装失败，用户可以查看错误信息并根据其内容进行调整。

图 6-25　安装 Matplotlib

NumPy 库和 Matplotlib 库安装完成之后，返回 cloth.py 程序文件，在程序文件的头部导入这两个库，并将 NumPy 库的使用名改为 np，用“as”命令就可以更改 NumPy 在调用时使用的名字，Matplotlib 库中只需导入 pyplot 即可，同样也更改使用名，将名字更改为 plt。在 cloth.py 头部添加如下内容导入 NumPy 和 Matplotlib。

```
import numpy as np
import matplotlib.pyplot as plt
```

本任务用的数据集是 Fashion MNIST 数据集，如图 6-26 所示，其中包含 60000 个训练集和

10000 个测试集。训练集的意思是这一部分的数据集合是用来训练图像分类模型的，测试集则是用于检验训练完的模型。

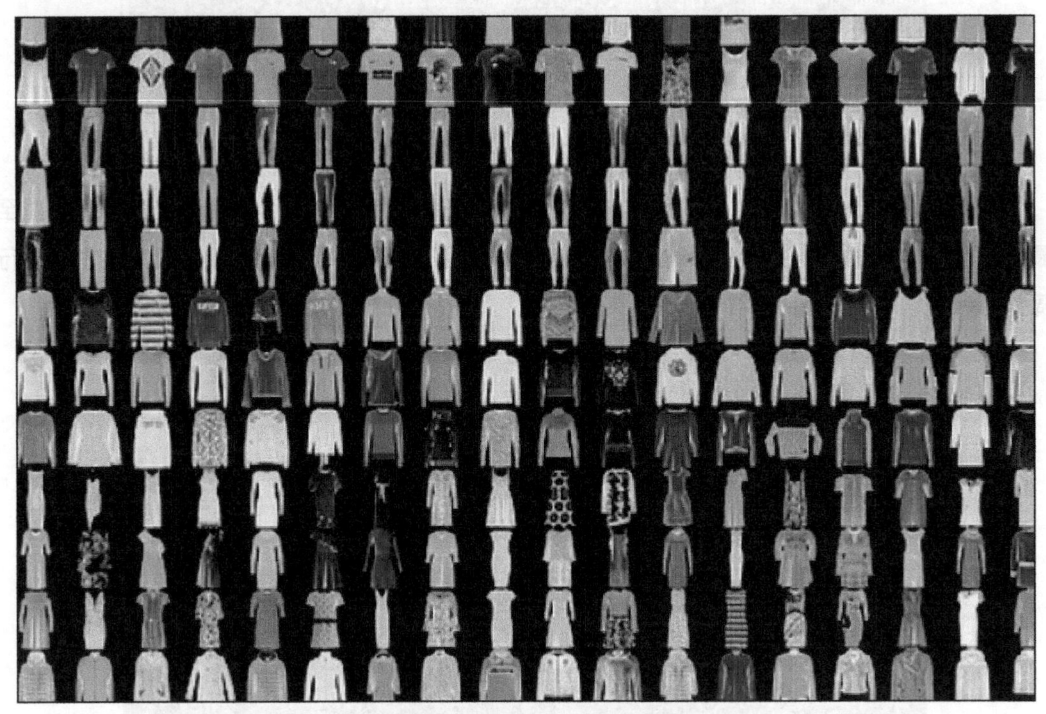

图 6-26　Fashion MNIST 数据集

Fashion MNIST 数据集中，每张图片都是 28 像素×28 像素大小，每张图片的像素值为 0～255，总共被分为 10 类，训练集和测试集中的每张图片都有对应的标签。标签的数字对应着程序分类之后的结果，将结果和数字对应，结合 Matplotlib 库输出一个图表，提供更加直观的可视化结果。Fashion MNIST 数据集分类，如表 6-1 所示。

表 6-1　Fashion MNIST 数据集分类

标签	名称
0	T-shirt/top
1	Trouser
2	Pullover
3	Dress
4	Coat
5	Sandal
6	Shirt
7	Sneaker
8	Bag
9	Ankle boot

找到了需要的数据集之后，接下来就是在 cloth.py 文件中下载数据集，并且对数据集进行分类放置。TensorFlow 已经为用户准备好了下载数据集的方法，读者只需要调用 load_data()这个方法就可以下载和分类数据集了。下载数据集，如图 6-27 所示。下载数据集的代码如下。

```
fashion_mnist = keras.datasets.fashion_mnist
fashion_mnist.load_data() = (train_images, train_labels), (test_images, test_labels)
```

代码所表达的意思是：将数据分成训练集和测试集两个部分，每个部分分成图片和标签，下载完成后，load_data()方法会返回 4 个 NumPy 数组，对应着“(train_images, train_labels), (test_images, test_labels)”。

下载方法写好后保存程序，回到终端执行 cloth.py 文件，执行下载方法。

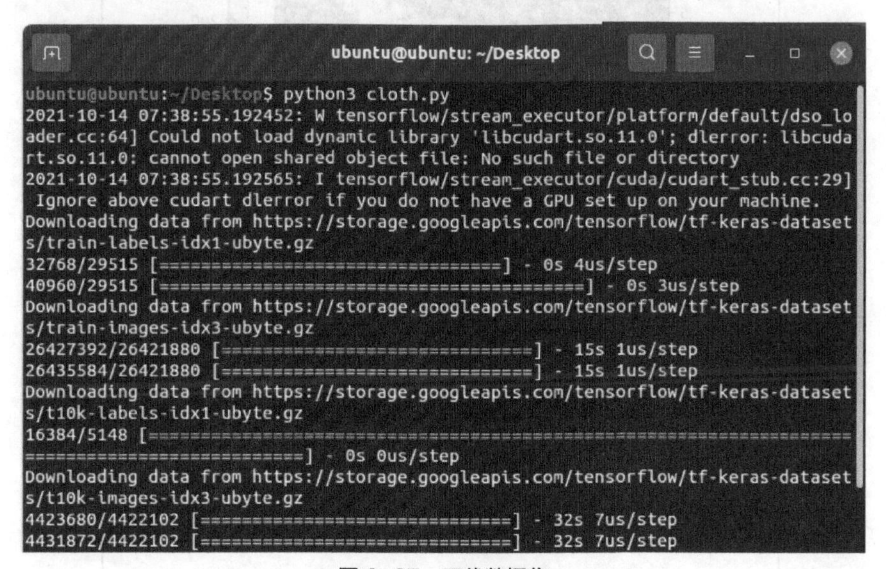

图 6-27　下载数据集

为了使输出的结果更加直观，这里加上了标签的名称，作为 Matplotlib 绘制图标时的坐标名称，代码如下。

```
class_names = ['T-shirt/top', 'Trouser', 'Pullover', 'Dress', 'Coat',
               'Sandal', 'Shirt', 'Sneaker', 'Bag', 'Ankle boot']
```

之后是数据的处理部分，先查看之前下载的数据集。需要用到 Matplotlib 库查看经过处理后的图片。可以用以下代码查看训练集中第 10 张图（见图 6-28）和第 20 张图（见图 6-29）。

```
plt.figure()
plt.imshow(train_images[9])
plt.colorbar()
plt.grid(False)
plt.show()
```

```
plt.figure()
plt.imshow(train_images[19])
plt.colorbar()
plt.grid(False)
plt.show()
```

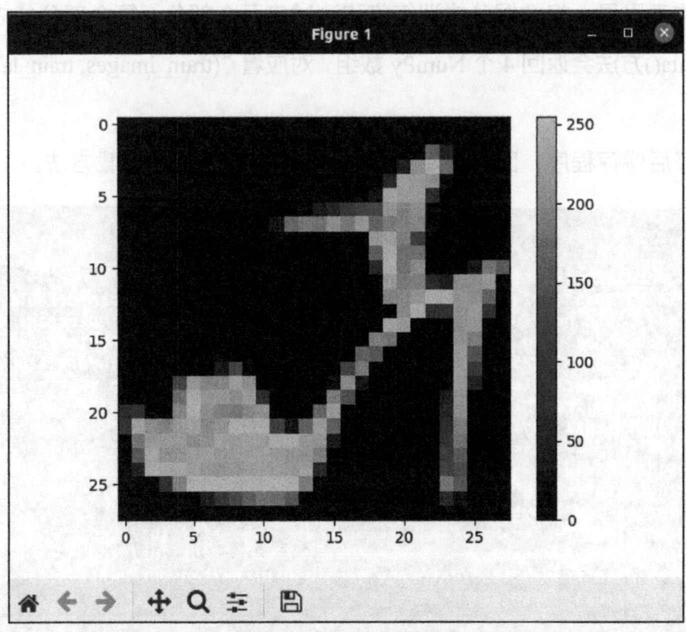

图 6-28　第 10 张图

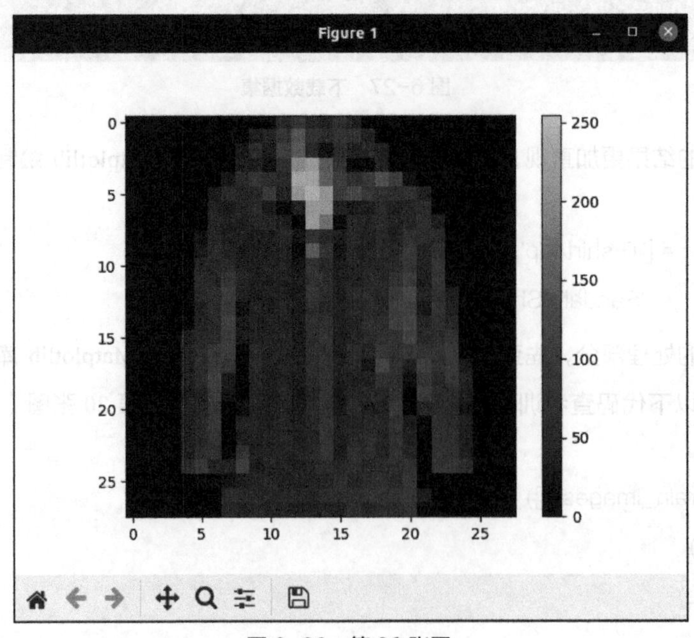

图 6-29　第 20 张图

查看完数据集之后，为了训练神经网络模型，需要对这些数据集进行预处理，将每张图片 0～255 的像素数值，转化为 0～1 的像素数值，因此需要将每一个训练集和测试集的图片像素数值都除以 255.0，让每一张图片的最终像素数值都在 0～1，代码如下。

```
train_images = train_images / 255.0
test_images = test_images / 255.0
```

预处理完数据集中训练集和测试集的图片，用 Matplotlib 库检查图像的像素数值、格式等是否正确，代码如下。检查图像，如图 6-30 所示。

```
plt.figure(figsize=(10,10))
  for i in range(25):
     plt.subplot(5,5,i+1)
     plt.xticks([ ])
     plt.yticks([ ])
     plt.grid(False)
     plt.imshow(train_images[i], cmap=plt.cm.binary)
     plt.xlabel(class_names[train_labels[i]])
plt.show()
```

图 6-30　检查图像

训练神经网络模型需要先构建模型，配置模型的层（Layer），然后编译和训练模型。层是构成神经网络的基本组成部分，层会从输入数据（经过运算后的一些数据）中提取特征，利用这些数据解决问题。本任务利用 Keras 的 Sequential()方法，配置了 3 层模型，分别是扁平层和两个密集连接或全连接神经层。

第一层扁平层的作用是将二维数组转化为一维数组，因为图片是一个二维的数据，因此用二维数组保存。为了训练神经网络模型，需要将这个二维的数据转换成一维的数据。将二维数组转化为一维数组的操作叫作扁平化。

第二层和第三层是密集连接层或全连接层，如果神经网络层数多的话，它们都可以计入隐藏层。第一个 Dense 层有 128 个神经元，使用的激活函数是 relu 函数；第二个 Dense 层会返回一个长度为 10 的 logits 数组，每个元素有一个得分，用来表示当前预测的图像属于 10 个标签中的哪一类。代码如下。

```
model = keras.Sequential([
    keras.layers.Flatten(input_shape=(28, 28)),
    keras.layers.Dense(128, activation='relu'),
    keras.layers.Dense(10)
])
```

在编译模型这个步骤中，需要确定一些关键的信息，比如损失函数、优化器、指标等，这些信息对最终模型的训练有着很大的影响。损失函数的作用是测量模型在训练期间的准确率，优化器的作用是决定模型如何根据数据和损失函数进行更新，指标的作用是监控训练和测试步骤。代码如下。

```
model.compile(optimizer='adam',loss=tf.keras.losses.SparseCategoricalCrossentropy(from_
logits=True),metrics=['accuracy'])
```

所有准备步骤完成之后，开始训练模型。首先拟合数据，调用 model.fit()方法就可以拟合模型与训练数据。拟合就是对模型的训练，代码里进行了 10 个轮次的拟合。拟合模型如图 6-31 所示。拟合后可以看到模型的准确率有 0.9100。

查看模型在测试集上的准确度代码如下，其结果如图 6-32 所示。

```
test_loss, test_acc = model.evaluate(test_images,  test_labels, verbose=2)
print('\n 测试集准确度:', test_acc)
```

模型在测试集上的准确度并没有在训练集上的高，测试集的准确度大概为 0.8851，这里有一个比较重要的概念——过拟合。过拟合指的是机器学习模型对新的输入、一些不属于训练集的输入进行预测、分类等操作时的表现并没有在训练数据上表现得好。过拟合会记住训练集上的一些噪声和细节，这些内容会对模型在新数据上的表现有负面影响。

```
ubuntu@ubuntu: ~/Desktop
1364/1875 [====================>.........] - ETA: 1s - loss: 0.2409 - accuracy:
1389/1875 [=====================>........] - ETA: 1s - loss: 0.2409 - accuracy:
1413/1875 [=====================>........] - ETA: 0s - loss: 0.2413 - accuracy:
1439/1875 [======================>.......] - ETA: 0s - loss: 0.2411 - accuracy:
1465/1875 [======================>.......] - ETA: 0s - loss: 0.2402 - accuracy:
1487/1875 [======================>.......] - ETA: 0s - loss: 0.2408 - accuracy:
1509/1875 [=======================>......] - ETA: 0s - loss: 0.2412 - accuracy:
1532/1875 [=======================>......] - ETA: 0s - loss: 0.2414 - accuracy:
1556/1875 [=======================>......] - ETA: 0s - loss: 0.2417 - accuracy:
1581/1875 [========================>.....] - ETA: 0s - loss: 0.2414 - accuracy:
1607/1875 [========================>.....] - ETA: 0s - loss: 0.2416 - accuracy:
1632/1875 [=========================>....] - ETA: 0s - loss: 0.2415 - accuracy:
1658/1875 [=========================>....] - ETA: 0s - loss: 0.2413 - accuracy:
1686/1875 [=========================>....] - ETA: 0s - loss: 0.2409 - accuracy:
1712/1875 [==========================>...] - ETA: 0s - loss: 0.2406 - accuracy:
1739/1875 [==========================>...] - ETA: 0s - loss: 0.2411 - accuracy:
1765/1875 [===========================>..] - ETA: 0s - loss: 0.2418 - accuracy:
1792/1875 [===========================>..] - ETA: 0s - loss: 0.2421 - accuracy:
1817/1875 [============================>.] - ETA: 0s - loss: 0.2422 - accuracy:
1843/1875 [============================>.] - ETA: 0s - loss: 0.2414 - accuracy:
1868/1875 [============================>.] - ETA: 0s - loss: 0.2417 - accuracy:
1875/1875 [==============================] - 4s 2ms/step - loss: 0.2416 - accura
cy: 0.9100
ubuntu@ubuntu:~/Desktop$
```

图 6-31 拟合模型

```
ubuntu@ubuntu: ~/Desktop
1445/1875 [======================>.......] - ETA: 0s - loss: 0.2374 - accuracy:
1470/1875 [======================>.......] - ETA: 0s - loss: 0.2382 - accuracy:
1495/1875 [======================>.......] - ETA: 0s - loss: 0.2381 - accuracy:
1519/1875 [=======================>......] - ETA: 0s - loss: 0.2379 - accuracy:
1542/1875 [=======================>......] - ETA: 0s - loss: 0.2374 - accuracy:
1566/1875 [========================>.....] - ETA: 0s - loss: 0.2375 - accuracy:
1589/1875 [========================>.....] - ETA: 0s - loss: 0.2370 - accuracy:
1614/1875 [========================>.....] - ETA: 0s - loss: 0.2375 - accuracy:
1637/1875 [=========================>....] - ETA: 0s - loss: 0.2375 - accuracy:
1663/1875 [=========================>....] - ETA: 0s - loss: 0.2374 - accuracy:
1687/1875 [=========================>....] - ETA: 0s - loss: 0.2380 - accuracy:
1712/1875 [==========================>...] - ETA: 0s - loss: 0.2382 - accuracy:
1738/1875 [==========================>...] - ETA: 0s - loss: 0.2378 - accuracy:
1764/1875 [===========================>..] - ETA: 0s - loss: 0.2376 - accuracy:
1788/1875 [===========================>..] - ETA: 0s - loss: 0.2374 - accuracy:
1813/1875 [============================>.] - ETA: 0s - loss: 0.2378 - accuracy:
1837/1875 [============================>.] - ETA: 0s - loss: 0.2382 - accuracy:
1862/1875 [============================>.] - ETA: 0s - loss: 0.2382 - accuracy:
1875/1875 [==============================] - 4s 2ms/step - loss: 0.2384 - accura
cy: 0.9107
313/313 - 1s - loss: 0.3318 - accuracy: 0.8851

测试集准确度: 0.8851000070571899
ubuntu@ubuntu:~/Desktop$
```

图 6-32 测试集的分类准确度

模型训练好之后，接下来就是对图像进行实际的预测。本任务的模型中增加了一层 softmax 层，用于将 logits 的线性输出转化成概率，代码如下。

```
probability_model = tf.keras.Sequential([model, tf.keras.layers.Softmax()])
predictions = probability_model.predict(test_images)
```

添加完成之后，对测试集的数据进行预测，并且输出预测图像的标签，对比预测的结果是否准确，代码如下。预测结果如图 6-33 所示。

```
np.argmax(predictions[10])
test_labels[10]
```

在 Jupyter Notebook 中，可以看到分段执行的两部分代码：预测结果和图像标签。这就是说，可以更加直观地看出预测的结果是否跟标签标记的相同。模型显示第一张图预测的结果，这张图片的内容属于分类里的第十类，也就是 Ankle boot（短靴）。从预测图片的标签中可以知道，这张图片确实属于短靴，因此模型的预测结果是正确的。

```
In [5]: probability_model = tf.keras.Sequential([model, tf.keras.layers.Softmax()])
        predictions = probability_model.predict(test_images)

        np.argmax(predictions[0])
Out[5]: 9

In [6]: test_labels[0]
Out[6]: 9
```

图 6-33　预测结果

接下来就是利用 Maplotlib 库将预测的结果绘制成图表，更加直观地显示预测结果。为了能够绘制图表，需要创建两个方法，分别是 plot_image()和 plot_value_array()。plot_image()方法用于绘制预测的图片以及所属类别和预测准确率，plot_value_array()方法用于绘制预测结果的直方图，代码如下。

```
def plot_image(i, predictions_array, true_label, img):
    predictions_array, true_label, img = predictions_array,true_label[i], img[i]
    plt.grid(False)
    plt.xticks([ ])
    plt.yticks([ ])
    plt.imshow(img, cmap=plt.cm.binary)
    predicted_label = np.argmax(predictions_array)
    if predicted_label == true_label:
      color = 'blue'
    else:
      color = 'red'
    plt.xlabel("{} {:2.0f}% ({})".format(class_names[predicted_label],
                                         100*np.max(predictions_array),
                                         class_names[true_label]),
                                         color=color)
```

```
def plot_value_array(i, predictions_array, true_label):
    predictions_array, true_label = predictions_array, true_label[i]
    plt.grid(False)
    plt.xticks(range(10))
    plt.yticks([])
    thisplot = plt.bar(range(10), predictions_array, color="#777777")
    plt.ylim([0, 1])
    predicted_label = np.argmax(predictions_array)
    thisplot[predicted_label].set_color('red')
    thisplot[true_label].set_color('blue')
```

写完绘制图表的方法后，接下来就是通过图表的方式显示预测结果的时刻。比如，测试集中的第 22 张图的预测结果，如图 6-34 所示；第 55 张图的预测结果，如图 6-35 所示。代码如下。

```
i = 21
plt.figure(figsize=(6,3))
plt.subplot(1,2,1)
plot_image(i, predictions[i], test_labels, test_images)
plt.subplot(1,2,2)
plot_value_array(i, predictions[i],   test_labels)
plt.show()

i = 54
plt.figure(figsize=(6,3))
plt.subplot(1,2,1)
plot_image(i, predictions[i], test_labels, test_images)
plt.subplot(1,2,2)
plot_value_array(i, predictions[i],   test_labels)
plt.show()
```

3. 电影评论分类

评论在日常生活中是很常见的，比如在各种相应的 App 中会有对餐饮店、景点、住宿、商家等的评论，评论的内容各式各样，有积极的评论、中肯的评论、恶意的评论等。

本任务将关注对电影的评论，并将评论的内容分为积极和消极两类，这也是一个机器学习中重要且应用广泛的二分类问题。

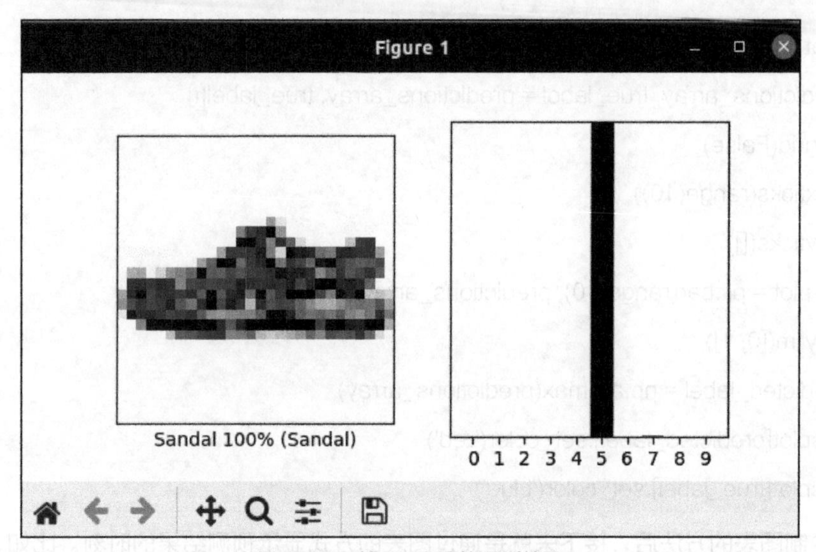

图 6-34　第 22 张图的预测结果

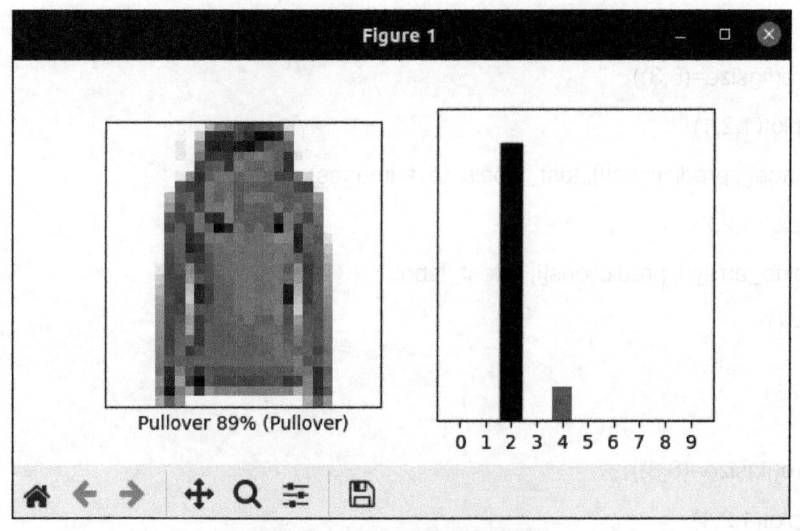

图 6-35　第 55 张图的预测结果

本任务采用了网络电影数据库中的 IMDB 数据集，这个数据集包含 50000 条电影评论。任务中将这 50000 条评论按照好评和差评切割成训练集和测试集，两个数据集都有 25000 条评论数据。

任务的开始需要创建 comment.py 文件，用于存储程序。命令如下。

```
touch comment.py
```

本任务将在 Jupyter Notebook 上进行，因此运行过程中的代码需要读者自行保存到创建好的 comment.py 文件中。

首先导入 TensorFlow 库、Keras 库和 NumPy 库，代码如下。

```
import tensorflow as tf
from tensorflow import keras
import numpy as np
```

接下来用 TensorFlow 提供的下载数据集的方法，将 IMDB 数据集下载并保存到 NumPy 数组里，代码如下。num_words 参数保留了 1 万个常见单词，低频的词汇会被丢弃。下载数据集，如图 6-36 所示。

```
imdb = keras.datasets.imdb
(train_data, train_labels), (test_data, test_labels) = imdb.load_data(num_words=10000)
```

```
In [3]: imdb = keras.datasets.imdb

        (train_data, train_labels), (test_data, test_labels) = imdb.load_data(num_words=10000)

        Downloading data from https://storage.googleapis.com/tensorflow/tf-keras-datasets/imdb.npz
        17465344/17464789 [==============================] - 1s 0us/step
        17473536/17464789 [==============================] - 1s 0us/step

In [ ]:
```

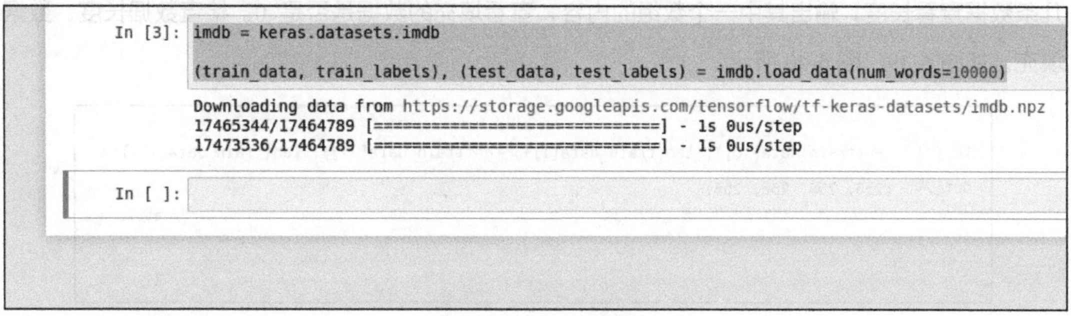

图 6-36　下载数据集

IMDB 影评数据集是经过处理后的数据集，每个单词都被转化成对应的整数数字，标签有两个数值，分别是 0 和 1，0 代表差评，1 代表好评。随机输出一条处理后的评论及其标签。处理后的评论数据、评论数据的标签，如图 6-37、图 6-38 所示。

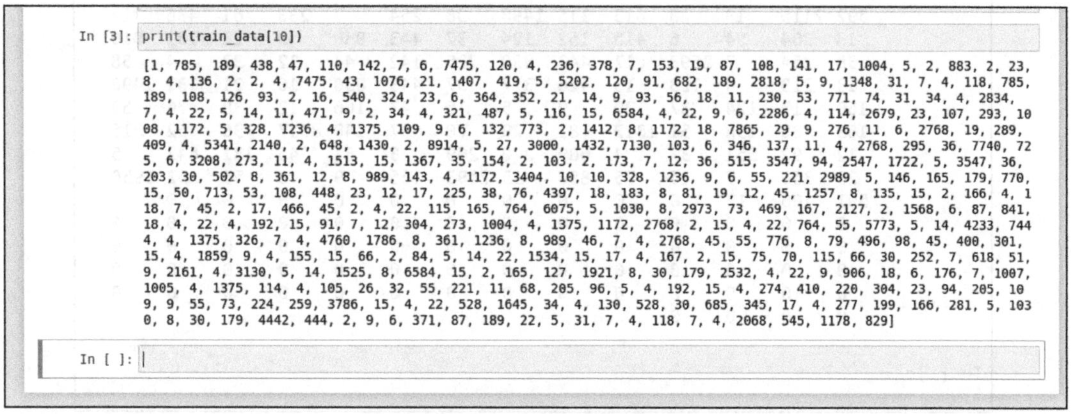

```
In [3]: print(train_data[10])
        [1, 785, 189, 438, 47, 110, 142, 7, 6, 7475, 120, 4, 236, 378, 7, 153, 19, 87, 108, 141, 17, 1004, 5, 2, 883, 2, 23,
        8, 4, 136, 2, 2, 4, 7475, 43, 1076, 21, 1407, 419, 5, 5202, 120, 91, 682, 189, 2818, 5, 9, 1348, 31, 7, 4, 118, 785,
        189, 108, 126, 93, 2, 16, 540, 324, 23, 6, 364, 352, 21, 14, 9, 93, 56, 18, 11, 230, 53, 771, 74, 31, 34, 4, 2834,
        7, 4, 22, 5, 14, 11, 471, 9, 2, 34, 4, 321, 487, 5, 116, 15, 6584, 4, 22, 9, 6, 2286, 4, 114, 2679, 23, 107, 293, 10
        08, 1172, 5, 328, 1236, 4, 1375, 109, 9, 6, 132, 773, 2, 1412, 8, 1172, 18, 7865, 29, 9, 276, 11, 6, 2768, 19, 289,
        409, 4, 5341, 2140, 2, 648, 1430, 2, 8914, 5, 27, 3000, 1432, 7130, 103, 6, 346, 137, 11, 4, 2768, 295, 36, 7740, 72
        5, 6, 3208, 273, 11, 4, 1513, 15, 1367, 35, 154, 2, 103, 2, 173, 7, 12, 36, 515, 3547, 94, 2547, 1722, 5, 3547, 36,
        203, 30, 502, 8, 361, 12, 8, 989, 143, 4, 1172, 3404, 10, 10, 328, 1236, 9, 6, 55, 221, 2989, 5, 146, 165, 179, 770,
        15, 50, 713, 53, 108, 448, 23, 12, 17, 225, 38, 76, 4397, 18, 183, 8, 81, 19, 12, 45, 1257, 8, 135, 15, 2, 166, 4, 1
        18, 7, 45, 2, 17, 466, 45, 2, 4, 22, 115, 165, 764, 6075, 5, 1030, 8, 2973, 73, 469, 167, 2127, 2, 1568, 6, 87, 841,
        18, 4, 22, 4, 192, 15, 91, 7, 12, 304, 273, 1004, 4, 1375, 1172, 2768, 2, 15, 4, 22, 764, 55, 5773, 5, 14, 4233, 744
        4, 4, 1375, 326, 7, 4, 4760, 1786, 8, 361, 1236, 8, 989, 46, 7, 4, 2768, 45, 55, 776, 8, 79, 496, 98, 45, 400, 301,
        15, 4, 1859, 9, 4, 155, 15, 66, 2, 84, 5, 14, 22, 1534, 15, 17, 4, 167, 2, 15, 75, 70, 115, 66, 30, 252, 7, 618, 51,
        9, 2161, 4, 3130, 5, 14, 1525, 8, 6584, 15, 2, 165, 127, 1921, 8, 30, 179, 2532, 4, 22, 9, 906, 18, 6, 176, 7, 1007,
        1005, 4, 1375, 114, 4, 105, 26, 32, 55, 221, 11, 68, 205, 96, 5, 4, 192, 15, 4, 274, 410, 220, 304, 23, 94, 205, 10
        9, 9, 55, 73, 224, 259, 3786, 15, 4, 22, 528, 1645, 34, 4, 130, 528, 30, 685, 345, 17, 4, 277, 199, 166, 281, 5, 103
        0, 8, 30, 179, 4442, 444, 2, 9, 6, 371, 87, 189, 22, 5, 31, 7, 4, 118, 7, 4, 2068, 545, 1178, 829]

In [ ]:
```

图 6-37　处理后的评论数据

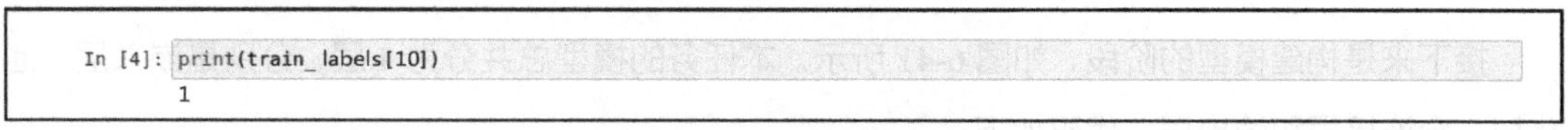

```
In [4]: print(train_ labels[10])
        1
```

图 6-38　评论数据的标签

在输出的评论数据中可以看到每个单词都被转化成数字，最终以数组的形式呈现。

由于影评的长度各不相同，但神经网络的输入必须长度一致，因此本任务使用填充数组的方式让数组长度标准化，可以调用 Keras 库中的 pad_sequences()方法。把处理数据这一步作为神经网络的第一层，代码如下。

```
train_data = keras.preprocessing.sequence.pad_sequences(train_data,value=0,
padding='post',maxlen=256)
test_data = keras.preprocessing.sequence.pad_sequences(test_data,value=0,
padding='post', maxlen=256)
```

填充的值是 0，填充后最大长度是 256，所以每条影评最后的长度都是 256。随机输出其中的几条数据查看长度，输出其中一个数组的内容，查看填充的数据是否是 0。检查数据长度、数据填充，如图 6-39、图 6-40 所示。

```
In [7]: len(train_data[10]), len(train_data[1]), len(train_data[22]), len(train_data[234])
Out[7]: (256, 256, 256, 256)

In [ ]:
```

图 6-39　检查数据长度

```
In [9]: print(train_data[234])
        [   1   12  144   30  429    4 1164   24    8  585   14  576  163  759
           56  123   19 1812 2693   13   28  115  110  233   40   12   10   10
         2693  271   23   18  220 4609  234   44    2    2 7881    5    2   38
          111  804   84  587   27  205  223  793    4   84   37  214   12   34
         2693   26 3479  443  830  488 1881    2  594 7308 7674    2    2    5
          592 2115   13   28  615  115 1498   38  254    7  233   61  436  113
           13  384   54    6  415  152  124   37  443  830    9   21  131  919
           38  254    7 2693   17  443  830  225  142   44   12   33    4   58
           13  219    4  123   13  426  377   37  443  830   16   21  131 1498
          150   13  124   37   29    9    5   15   43  166   12   38   76   53
          163   88  198   51 1812   81   29   70   97  148 8517   38   52   15
           12   92  551   37    4  609  240  269    8   81   45  131  642    5
           23  350    7   15   75  850   15 2693  165    9    6   55   52 1950
          591  106   12    0    0    0    0    0    0    0    0    0    0    0
            0    0    0    0    0    0    0    0    0    0    0    0    0    0
            0    0    0    0    0    0    0    0    0    0    0    0    0    0
            0    0    0    0    0    0    0    0    0    0    0    0    0    0
            0    0    0    0    0    0    0    0    0    0    0    0    0    0
            0    0    0    0]

In [ ]:
```

图 6-40　数据填充

接下来是构建模型的阶段，如图 6-41 所示。本任务的模型总共分为 4 层，分别是嵌入层、池化层、全连接层和输出层，代码如下。

```
vocab_size = 10000
```

```
model = keras.Sequential()
model.add(keras.layers.Embedding(vocab_size, 16))
model.add(keras.layers.GlobalAveragePooling1D())
model.add(keras.layers.Dense(16, activation='relu'))
model.add(keras.layers.Dense(1, activation='sigmoid'))

model.summary()
```

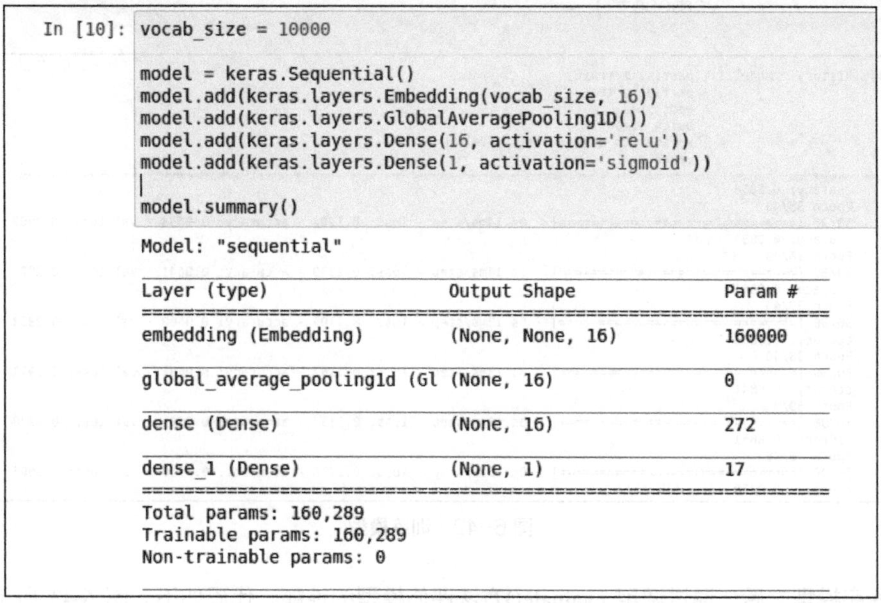

```
In [10]: vocab_size = 10000

         model = keras.Sequential()
         model.add(keras.layers.Embedding(vocab_size, 16))
         model.add(keras.layers.GlobalAveragePooling1D())
         model.add(keras.layers.Dense(16, activation='relu'))
         model.add(keras.layers.Dense(1, activation='sigmoid'))

         model.summary()

         Model: "sequential"
         _________________________________________________________________
         Layer (type)                 Output Shape              Param #
         =================================================================
         embedding (Embedding)        (None, None, 16)          160000
         _________________________________________________________________
         global_average_pooling1d (Gl (None, 16)                0
         _________________________________________________________________
         dense (Dense)                (None, 16)                272
         _________________________________________________________________
         dense_1 (Dense)              (None, 1)                 17
         =================================================================
         Total params: 160,289
         Trainable params: 160,289
         Non-trainable params: 0
         _________________________________________________________________
```

图 6-41　构建模型

本任务选择的损失函数是 binary_crossentropy，它能够度量概率分布之间的“距离”，代码如下。

```
model.compile(optimizer='adam',
              loss='binary_crossentropy',
              metrics=['accuracy'])
```

本任务将会应用验证集，验证集就是从训练集中剥离一定量的数据，用于检查模型在从未见过的数据上的准确率。首先，创建验证集，代码如下。

```
x_val = train_data[:10000]
partial_x_train = train_data[10000:]

y_val = train_labels[:10000]
partial_y_train = train_labels[10000:]
```

接下来开始训练模型，训练的过程监控验证集的损失值和准确率，代码如下，结果如图 6-42 所示。

```
history = model.fit(partial_x_train,
                    partial_y_train,
                    epochs=40,
                    batch_size=512,
                    validation_data=(x_val, y_val),
                    verbose=1)
```

```
In [13]: history = model.fit(partial_x_train,
                             partial_y_train,
                             epochs=40,
                             batch_size=512,
                             validation_data=(x_val, y_val),
                             verbose=1)
         ccuracy: 0.8854
         Epoch 35/40
         30/30 [==============================] - 0s 14ms/step - loss: 0.1284 - accuracy: 0.9638 - val_loss: 0.2907 - val_a
         ccuracy: 0.8855
         Epoch 36/40
         30/30 [==============================] - 0s 14ms/step - loss: 0.1239 - accuracy: 0.9641 - val_loss: 0.2921 - val_a
         ccuracy: 0.8861
         Epoch 37/40
         30/30 [==============================] - 0s 13ms/step - loss: 0.1195 - accuracy: 0.9660 - val_loss: 0.2953 - val_a
         ccuracy: 0.8863
         Epoch 38/40
         30/30 [==============================] - 0s 13ms/step - loss: 0.1152 - accuracy: 0.9681 - val_loss: 0.2971 - val_a
         ccuracy: 0.8841
         Epoch 39/40
         30/30 [==============================] - 0s 13ms/step - loss: 0.1114 - accuracy: 0.9689 - val_loss: 0.2978 - val_a
         ccuracy: 0.8851
         Epoch 40/40
         30/30 [==============================] - 0s 15ms/step - loss: 0.1070 - accuracy: 0.9710 - val_loss: 0.3005 - val_a
         ccuracy: 0.8850
```

图 6-42　训练模型

训练完模型之后，通过调用 evaluate()方法评估模型的性能，代码如下。图 6-43 所示的模型评估的准确率为 87.35%。

```
results = model.evaluate(test_data,  test_labels, verbose=2)
print(results)
```

```
In [14]: results = model.evaluate(test_data,  test_labels, verbose=2)

         print(results)

         782/782 - 1s - loss: 0.3186 - accuracy: 0.8735
         [0.3185812532901764, 0.873520016670227]

In [ ]:
```

图 6-43　模型评估

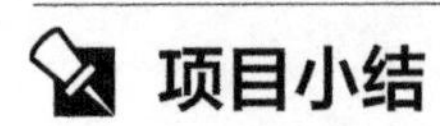

项目小结

本项目讲解了 TensorFlow 在 Ubuntu 系统中的部署方法，以及 TensorFlow 容器在 Ubuntu 系统中的部署方法。机器学习中有一个不同于其他编程语言的“HelloWorld”程序，即训练手写数字的识别。但它的意义同其他语言中编写“HelloWorld”程序的意义相当，对于初学者的启蒙作用是相同的。

思考与训练

1. 选择题

（1）TensorFlow 支持（　　）编程语言。

A. Python　　B. Java　　C. Go　　D. C

（2）TensorFlow 可以做（　　）。

A. 路障识别　　B. 系统开发　　C. 手写文字识别　　D. 教学

2. 判断题

（1）HelloWorld 程序检测不到数据集的时候会报错。（　　）

（2）每一次训练和测试最后的准确度都相同。（　　）

3. 简答题

（1）我们可以用 TensorFlow 做些什么？

（2）现在有哪些公司应用了 TensorFlow 技术？

项目7

AI云容器的开发

问题引入

经过了项目 6 的学习，我们掌握了 TensorFlow 的基础知识以及编写了机器学习的“HelloWorld”程序，训练了手写数字识别模型。本项目在训练好的手写数字识别模型上对自己手写的数字进行识别，利用 TensorFlow 构建商品销量预测模型以及人脸识别模型。

知识目标

1. 了解 Jupyter
2. 了解商品销售
3. 了解人脸识别

技能目标

项目 7　AI 云容器的开发

1. 掌握基本的模型训练方法
2. 掌握 TensorFlow 工具的使用方法
3. 熟悉 Python 编程

思路指导

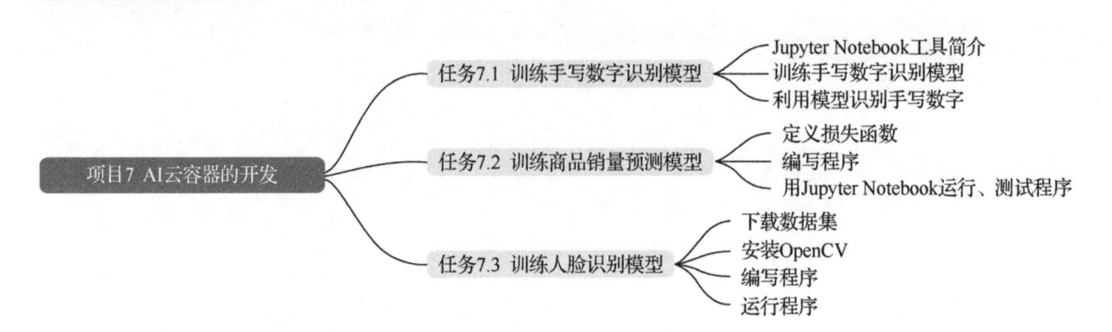

任务 7.1 训练手写数字识别模型

工作任务

项目 6 介绍了在 Ubuntu 下进行手写数字识别的训练，这个训练是基于虚拟机的，本任务将会通过容器的方式，结合 Jupyter Notebook 工具训练手写数字识别模型，以及最后使用模型识别自己手写的数字。

相关知识

Jupyter Notebook 的网站界面如图 7-1 所示，是一款交互式笔记本工具、编程工具，支持多种编程语言，Jupyter Notebook 以前的称呼是 IPython Notebook。它是一款 Web 应用，支持实时代码、可视化编程、Markdown 等，常用于数据清理、机器学习、数据建模等领域。

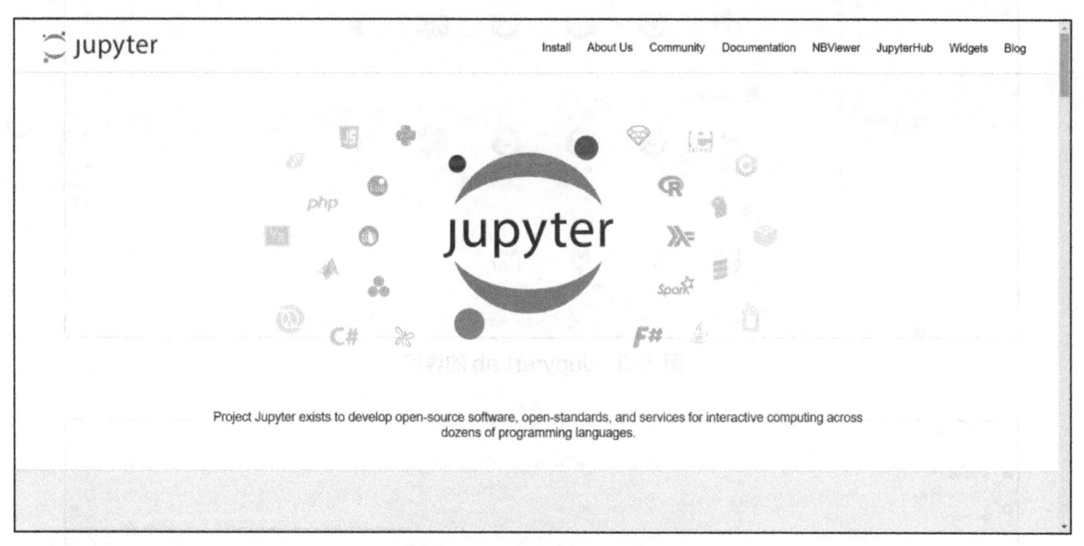

图 7-1　Jupyter Notebook

Jupyter Notebook 官方提供在线应用供使用者体验，其功能包括在 IPython Notebook 时的典型笔记、Project Jupyter 时的 JupyterLab 以及对不同语言的支持。在线试用 Jupyter Notebook 如图 7-2 所示。

JupyterLab 的界面如图 7-3 所示，可以看到 Jupyter Notebook 支持笔记本模式、控制窗口模式和其他模式，笔记本模式是从 IPython Notebook 继承来的、对程序友好的编程模式。

在笔记本模式中，Jupyter Notebook 分步对程序进行编译、运行，可以看到中间的运行结果，对测试开发来说是一个相当便利的功能。运行 Jupyter Notebook，如图 7-4 所示。

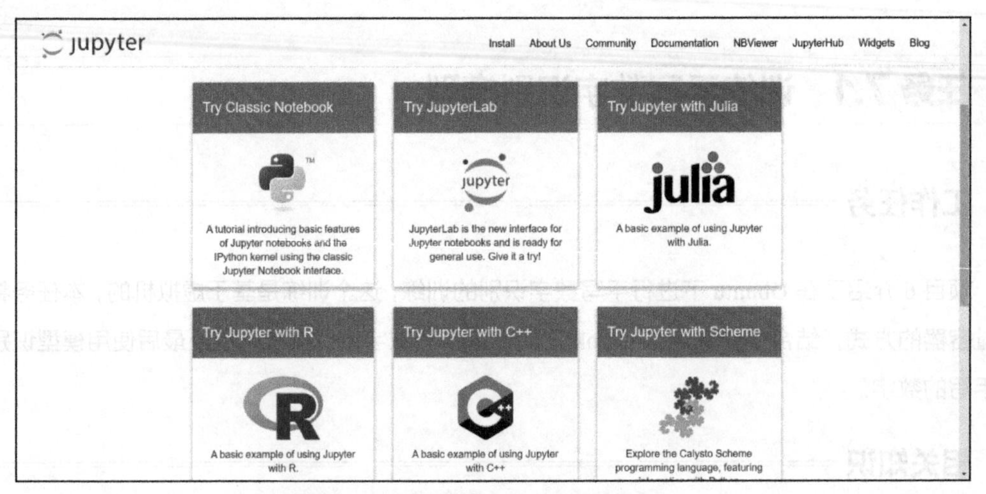

图 7-2　在线试用 Jupyter Notebook

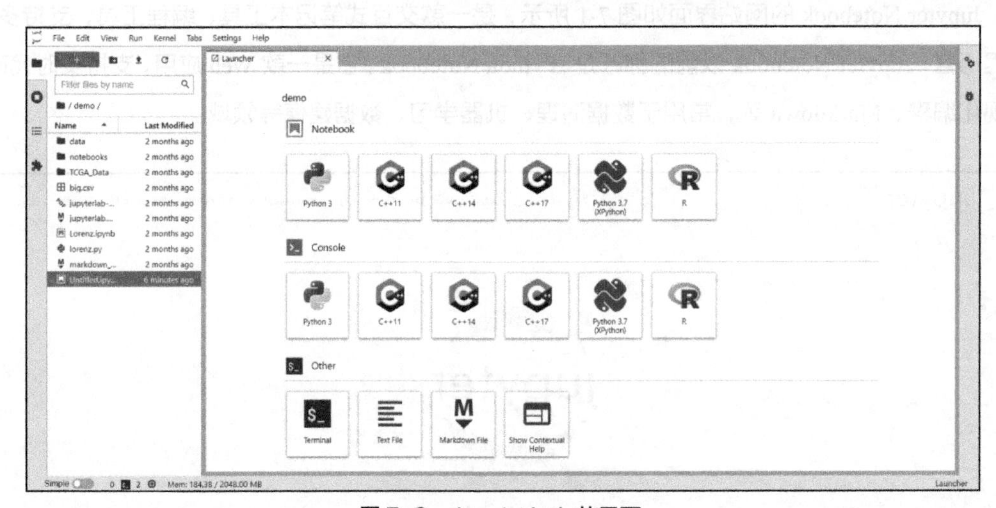

图 7-3　JupyterLab 的界面

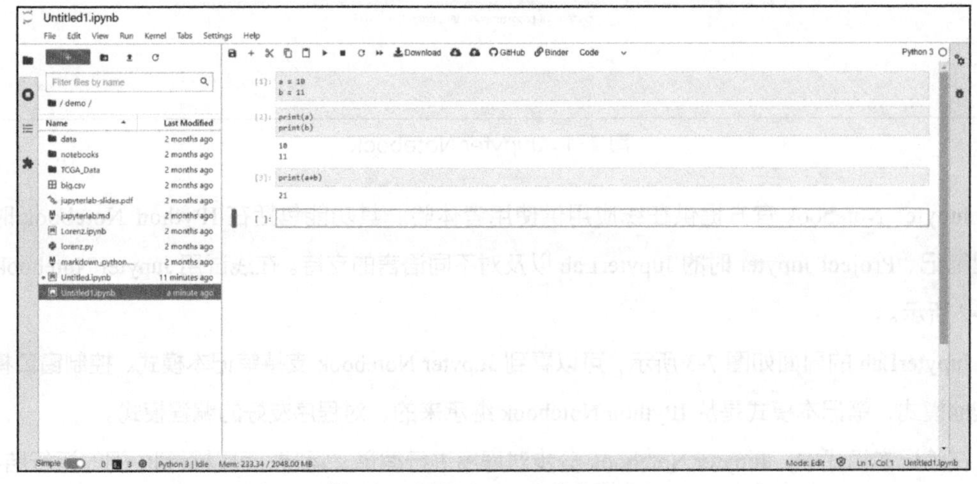

图 7-4　运行 Jupyter Notebook

在笔记本模式中，窗口的右侧是编写程序、运行程序的区域，程序写在代码框内，左侧是代码的运行顺序标识，代表着这个代码框在 Jupyter Notebook 中是第几个运行的。如果运行的代码有输出结果，则会直接在本代码框下输出运行结果，如图 7-5 所示。

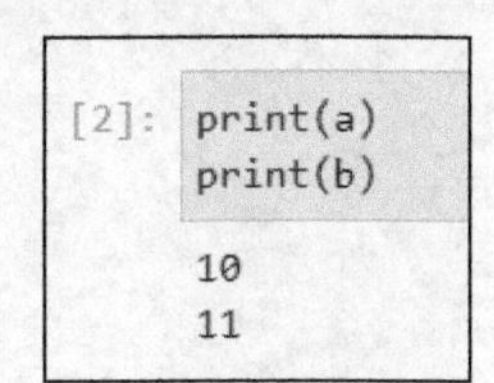

图 7-5　输出代码运行结果

代码的运行可以是单个代码框运行、多个代码框运行或全部运行，不同的代码框如果有各自的输出结果，都会在对应代码框下输出显示。单个代码框的运行可以忽视笔记本页面的代码编写顺序，按照自己预想的顺序运行代码。运行菜单栏，如图 7-6 所示。

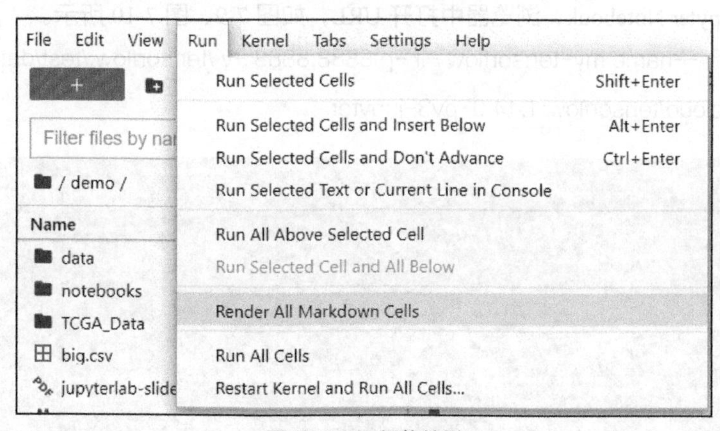

图 7-6　运行菜单栏

除了菜单栏中丰富的运行选项，笔记本上方也有便捷的操作，其中就包括运行选中的代码框。除此之外还有保存笔记、插入代码框、剪切代码框、复制和粘贴代码框等便捷的功能。同时还提供了从云上下载笔记和把笔记上传到云的功能。便捷菜单栏，如图 7-7 所示。

图 7-7　便捷菜单栏

任务实施

本任务需要部署 Jupyter Notebook 容器，并且在 Jupyter Notebook 工具中实现对手写数字的识别，因此第一步需要安装 Jupyter Notebook 容器，命令如下，如图 7-8 所示。

```
# docker pull daocloud.io/daocloud/tensorflow:1.14.0-py3-jupyter
```

```
docker@ubuntu: ~
docker@ubuntu:~$ docker pull daocloud.io/daocloud/tensorflow:1.14.0-py3-jupyter
1.14.0-py3-jupyter: Pulling from daocloud/tensorflow
5b7339215d1d: Pull complete
14ca88e9f672: Pull complete
a31c3b1caad4: Pull complete
b054a26005b7: Pull complete
8832e37735578: Pull complete
5e671b828b2a: Pull complete
2b940936f993: Pull complete
016724bbd2c9: Pull complete
5bd1cb597025: Pull complete
68543864d644: Pull complete
7babe47a4c40: Pull complete
dc2840b44171: Pull complete
330a9002e0b4: Pull complete
107cba84ef3d: Pull complete
4b9d9f2fa2a2: Pull complete
d684674aa1a4: Pull complete
21a7832aeb86: Pull complete
5bd2e6f0de43: Pull complete
b5494e32d013: Pull complete
823f4685c03b: Pull complete
777cec03b3e2: Pull complete
Digest: sha256:07321f6227cdb5c60e9276a26f5e8d3168237ad032203275ed27357289c4c6f4
```

图 7-8　安装 Jupyter Notebook 容器

镜像下载完成后运行 Jupyter Notebook，命令如下。并且复制运行之后得到的 URL，在浏览器打开它。运行 Jupyter Notebook、浏览器中打开 URL，如图 7-9、图 7-10 所示。

```
# docker run --name my-tensorflow -it -p 8888:8888 -v /tensorflow:/test/data daocloud.io/daocloud/tensorflow:1.14.0-py3-jupyter
```

```
docker@ubuntu: ~
docker@ubuntu:~$ docker run --name my-tensorflow -it -p 8888:8888 -v /tensorflow:/test/data daocloud.io/daocloud/tensorflow:1.14.0-py3-jupyter

WARNING: You are running this container as root, which can cause new files in
mounted volumes to be created as the root user on your host machine.

To avoid this, run the container by specifying your user's userid:

$ docker run -u $(id -u):$(id -g) args...

[I 02:47:59.393 NotebookApp] Writing notebook server cookie secret to /root/.local/share/jupyter/runtime/notebook_cookie_secret
jupyter_http_over_ws extension initialized. Listening on /http_over_websocket
[I 02:48:00.268 NotebookApp] Serving notebooks from local directory: /tf
[I 02:48:00.268 NotebookApp] The Jupyter Notebook is running at:
[I 02:48:00.268 NotebookApp] http://(542ff7cf45be or 127.0.0.1):8888/?token=8262f05b60d00dfcf049edb5883dc2926fb38f9474e155ef
[I 02:48:00.268 NotebookApp] Use Control-C to stop this server and shut down all kernels (twice to skip confirmation).
[C 02:48:00.273 NotebookApp]

    To access the notebook, open this file in a browser:
        file:///root/.local/share/jupyter/runtime/nbserver-1-open.html
    Or copy and paste one of these URLs:
        http://(542ff7cf45be or 127.0.0.1):8888/?token=8262f05b60d00dfcf049edb5883dc2926fb38f9474e155ef
```

图 7-9　运行 Jupyter Notebook

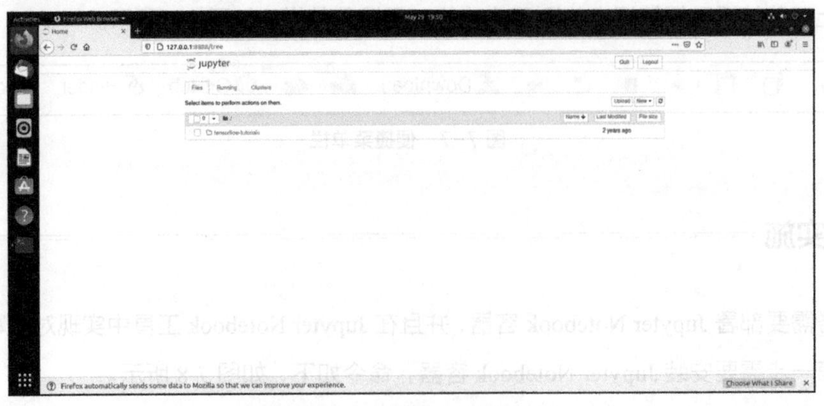

图 7-10　浏览器中打开 URL

在测试手写数字识别效果之前，先准备数字 0～9 的手写图片，上传到 Jupyter Notebook。单击右侧的“Upload”按钮，上传图片，如图 7-11、图 7-12 所示。

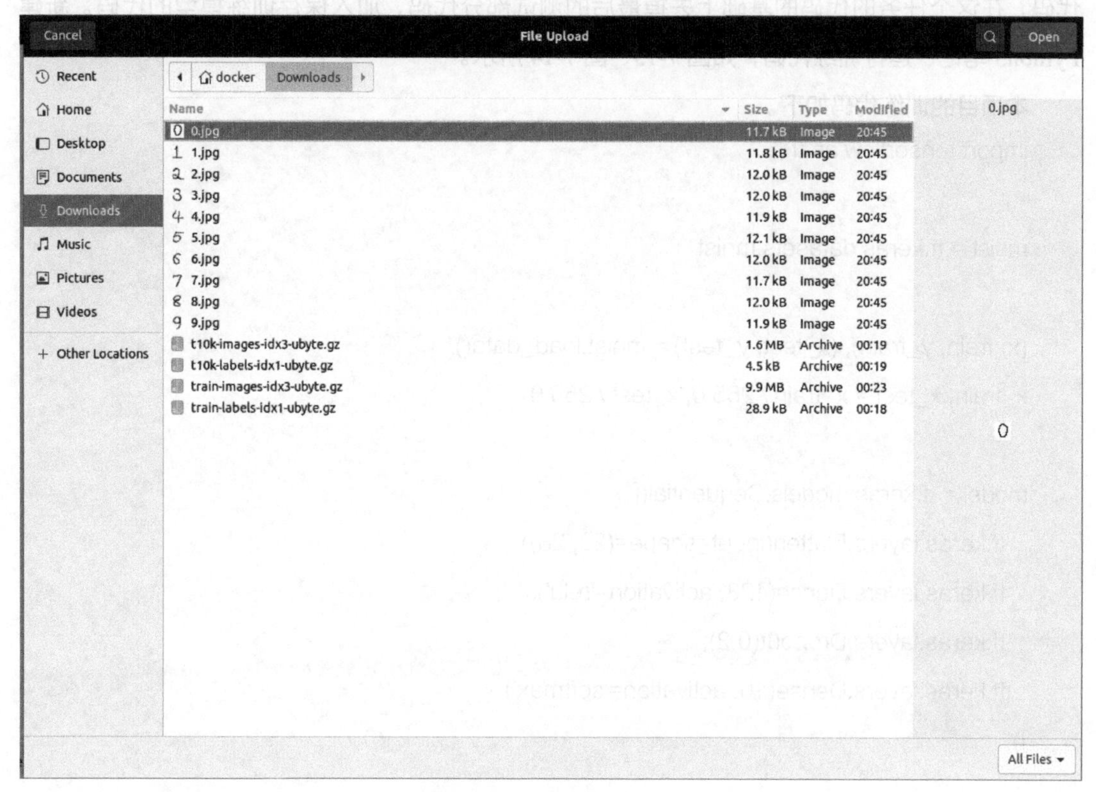

图 7-11　上传图片（一）

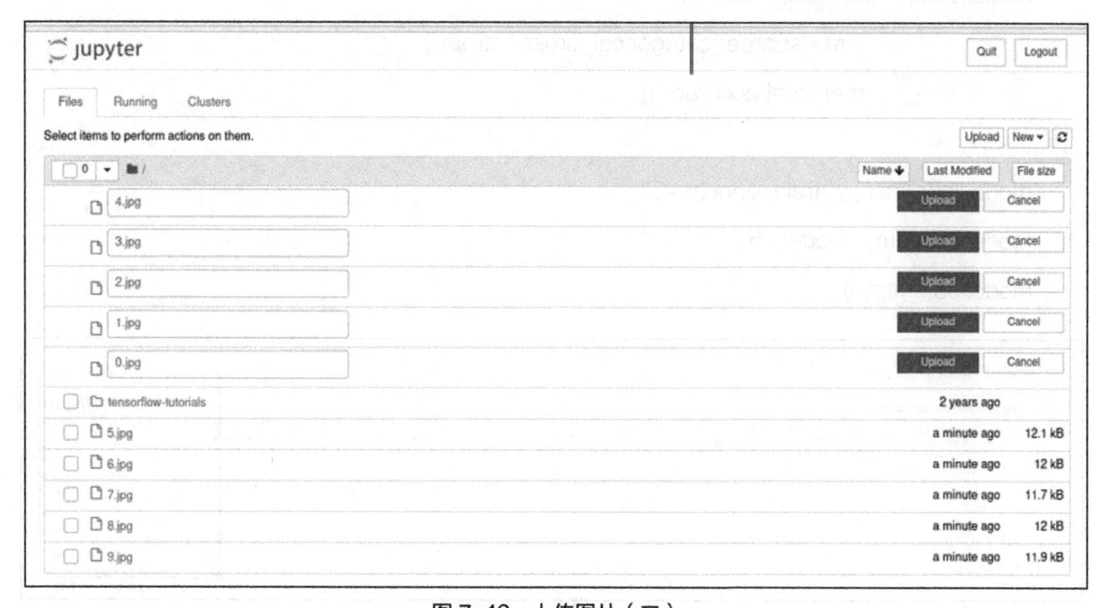

图 7-12　上传图片（二）

上传好文件之后，单击“New”按钮，在下拉列表中选择“Python3”，新建一个 Python3 的笔记，开始训练手写数字识别模型。训练手写数字识别模型的代码是项目 6 中任务 6.3 所用到的代码，在这个任务的代码的基础上去掉最后的测试部分代码，加入保存训练模型的代码。新建 Python3 笔记、运行训练代码，如图 7-13、图 7-14 所示。

本项目的训练代码如下。

```
import tensorflow as tf

mnist = tf.keras.datasets.mnist

(x_train, y_train), (x_test, y_test) = mnist.load_data()
x_train, x_test = x_train / 255.0, x_test / 255.0

model = tf.keras.models.Sequential([
  tf.keras.layers.Flatten(input_shape=(28, 28)),
  tf.keras.layers.Dense(128, activation='relu'),
  tf.keras.layers.Dropout(0.2),
  tf.keras.layers.Dense(10, activation='softmax')
])

model.compile(optimizer='adam',
              loss='sparse_categorical_crossentropy',
              metrics=['accuracy'])

model.fit(x_train, y_train, epochs=5)
model.save('my_model.h5')
model.summary()
```

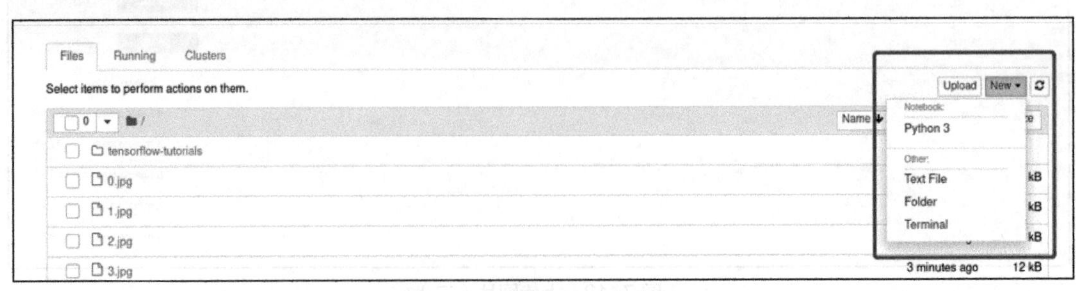

图 7-13　新建 Python3 笔记

```
model.summary()

Downloading data from https://storage.googleapis.com/tensorflow/tf-keras-datasets/mnist.npz
11493376/11490434 [==============================] - 7s 1us/step

WARNING: Logging before flag parsing goes to stderr.
W0530 04:11:43.335170 140474345150272 deprecation.py:506] From /usr/local/lib/python3.6/dist-packages/tensorflow/p
ython/ops/init_ops.py:1251: calling VarianceScaling.__init__ (from tensorflow.python.ops.init_ops) with dtype is d
eprecated and will be removed in a future version.
Instructions for updating:
Call initializer instance with the dtype argument instead of passing it to the constructor

Epoch 1/5
60000/60000 [==============================] - 4s 63us/sample - loss: 0.2927 - acc: 0.9143
Epoch 2/5
60000/60000 [==============================] - 4s 69us/sample - loss: 0.1425 - acc: 0.9575
Epoch 3/5
60000/60000 [==============================] - 4s 69us/sample - loss: 0.1080 - acc: 0.9677
Epoch 4/5
60000/60000 [==============================] - 4s 64us/sample - loss: 0.0882 - acc: 0.9724
Epoch 5/5
60000/60000 [==============================] - 4s 65us/sample - loss: 0.0751 - acc: 0.9768
Model: "sequential"
_________________________________________________________________
Layer (type)                 Output Shape              Param #
=================================================================
flatten (Flatten)            (None, 784)               0
_________________________________________________________________
dense (Dense)                (None, 128)               100480
_________________________________________________________________
dropout (Dropout)            (None, 128)               0
_________________________________________________________________
dense_1 (Dense)              (None, 10)                1290
=================================================================
Total params: 101,770
Trainable params: 101,770
Non-trainable params: 0
```

图 7-14　运行训练代码

确保代码无误之后，需要导入自己的手写数字图片，因此需要用到 Python 的 imageio 库。安装完 imageio 之后重启内核完成更新。安装 imageio、加载手写数字图片，如图 7-15、图 7-16 所示。

安装 imageio 的命令如下。

```
# pip install imageio -i https://pypi.douban.com/simple/
```

加载手写数字图片的代码如下。

```
import glob
import imageio
import numpy as np
img_data =[]
for image_file_name in glob.glob('*.jpg'):
    print ('loading ... ',image_file_name )
    img_array = imageio.imread(image_file_name, as_gray=True)
    img_data. append((255.0 - img_array.reshape(784)) / 255.0)
    self_data = np.array(img_data).reshape(len(img_data),28,28)
```

```
In [2]: pip install imageio -i https://pypi.douban.com/simple/

Looking in indexes: https://pypi.douban.com/simple/
Collecting imageio
  Downloading https://pypi.doubanio.com/packages/6e/57/5d899fae74c1752f52869b613a8210a2480e1a69688e65df6cb26117d45
d/imageio-2.9.0-py3-none-any.whl (3.3MB)
     |████████████████████████████████| 3.3MB 600kB/s eta 0:00:01
Collecting pillow (from imageio)
  Downloading https://pypi.doubanio.com/packages/89/d2/942af29f8494a1a3f4bc4f483d520f7c02ccae677f5f50cf76c6b3d827d
8/Pillow-8.2.0-cp36-cp36m-manylinux1_x86_64.whl (3.0MB)
     |████████████████████████████████| 3.0MB 2.3MB/s eta 0:00:01     |█████                           | 552kB 2.6
MB/s eta 0:00:01     |██████████                      | 942kB 2.6MB/s eta 0:00:01     |███████████████
| 1.4MB 2.6MB/s eta 0:00:01     |████████████████████            | 1.9MB 2.6MB/s eta 0:00:01
Requirement already satisfied: numpy in /usr/local/lib/python3.6/dist-packages (from imageio) (1.16.4)
Installing collected packages: pillow, imageio
Successfully installed imageio-2.9.0 pillow-8.2.0
WARNING: You are using pip version 19.1.1, however version 21.1.2 is available.
You should consider upgrading via the 'pip install --upgrade pip' command.
Note: you may need to restart the kernel to use updated packages.
```

图 7-15　安装 imageio

```
In [2]: import glob
        import imageio
        import numpy as np
        img_data =[]
        for image_file_name in glob.glob('*.jpg'):
               print ('loading ... ',image_file_name )

               img_array = imageio.imread(image_file_name, as_gray=True)
               img_data. append((255.0 - img_array.reshape(784)) / 255.0)
               self_data = np.array(img_data).reshape(len(img_data),28,28)

        loading ...  2.jpg
        loading ...  8.jpg
        loading ...  3.jpg
        loading ...  9.jpg
        loading ...  0.jpg
        loading ...  6.jpg
        loading ...  4.jpg
        loading ...  1.jpg
        loading ...  5.jpg
        loading ...  7.jpg
```

图 7-16 加载手写数字图片

准备工作完成之后，开始检测手写数字，以 0～9 的顺序检测。从识别的结果上看，我们手写的数字 0 在机器看来比较像数字 9。手写数字识别结果，如图 7-17 所示。

```
In [10]: import numpy as np
         import matplotlib.pyplot as plt
         pre = model.predict(self_data)
         predit=[0 for x in range(10)]
         predit[0]=np.argmax(pre[4])
         predit[1]=np.argmax(pre[7])
         predit[2]=np.argmax(pre[0])
         predit[3]=np.argmax(pre[2])
         predit[4]=np.argmax(pre[6])
         predit[5]=np.argmax(pre[8])
         predit[6]=np.argmax(pre[5])
         predit[7]=np.argmax(pre[9])
         predit[8]=np.argmax(pre[1])
         predit[9]=np.argmax(pre[3])
         print(predit)

         [9, 1, 2, 3, 4, 5, 6, 7, 8, 9]
```

图 7-17 手写数字识别结果

任务 7.2 训练商品销量预测模型

工作任务

经过任务 7.1，读者大致了解了 Jupyter Notebook 的用法以及利用项目 6 训练好的模型识别手写数字的方法。Jupyter Notebook 的分段运行相较于写完一个完整的程序再运行，在程序调试、过程可视化、分段展示等方面有明显的优势。

本任务利用 TensorFlow 来训练商品销量预测模型。

相关知识

损失函数（Loss Function）又被称为代价函数（Cost Function），它是表达随机事件的“损失”的函数，随机事件中有关随机变量的取值被映射为非负实数，以此来表示随机事件的“损失”。

损失函数常分为回归问题的损失函数和分类问题的损失函数。回归问题对应 L_1 和 L_2 损失函数，两种损失函数的表达式如式 7-1、式 7-2 所示。

$$L_1:MAE=\frac{1}{m}\sum_{i=1}^{m}\left|y_i-f(x_i)\right| \quad (式 7-1)$$

$$L_2:MSE=\frac{1}{m}\sum_{i=1}^{m}\left(y_i-f(x_i)\right)^2 \quad (式 7-2)$$

损失函数中的 y_i 是第 i 个样本的真实值，$f(x_i)$ 是第 i 个样本的预测值（即模型输出值），m 是样本数量。L_1 损失函数对真实值和预测值的差取绝对值，对偏离了真实值的输出不敏感，在观测中如果存在异常值，有利于保持模型稳定。L_2 损失函数利用平方的操作放大了真实值和预测值的差，“惩罚”了偏离真实值的输出。

分类问题对应了 0-1 损失函数，是分类精确度的度量。正确的分类为 0，错误的分类为 1。分类问题公式 0-1 损失函数如式 7-3 所示。

$$L(y,\hat{y})=\begin{cases}0 & \hat{y}=y\\1 & \hat{y}\neq y\end{cases} \quad (式 7-3)$$

0-1 损失函数是一个不连续的分段函数，不利于求解最小化问题，在实际应用中可以构造它的代理损失函数（Surrogate Loss Function）。

任务实施

在预测商品的销量时，如果预测的销量大于实际销量，商家会损失商品的成本，反之商家损失的是商品的利润。假设商品的成本是 30 元，商品的利润是 100 元，为了最大化预期利润，需要将损失函数和利润直接联系起来，损失函数定义的是损失，TensorFlow 定义的 loss 函数如下。在 TensorFlow 中，损失函数、分类函数，如式 7-4、式 7-5 所示。

```
loss = tf.reduce_sum(tf.where(tf.greater(y_, y), (y_ - y) * loss_less, (y - y_) * loss_more))
```

$$Loss(y,\hat{y})=\sum_{i=1}^{n}L(y_i,\hat{y}_i) \quad (式 7-4)$$

$$L(y,\hat{y})=\begin{cases}a(y-\hat{y}) & y>\hat{y}\\b(\hat{y}-y) & y\leqslant\hat{y}\end{cases} \quad (式 7-5)$$

式 7-5 中 a 是真实值大于预测值的代价，b 是真实值小于预测值的代价。在 TensorFlow 定义的 loss 函数中，loss_less 对应的是 b，loss_more 对应的是 a。

损失函数定义好之后，编写如下代码。

```
import tensorflow as tf
from numpy.random import RandomState


w = tf.Variable(tf.random_normal([2, 1], stddev=1, seed=1))
```

```
x = tf.placeholder(tf.float32, shape=(None, 2), name="x-input")
y_ = tf.placeholder(tf.float32, shape=(None, 1), name="y-input")

#定义神经网络结构
y = tf.matmul(x, w)

#定义真实值与预测值之间的交叉熵损失函数，来刻画真实值与预测值之间的差距
loss_less = 1
loss_more = 10
loss = tf.reduce_sum(tf.where(tf.greater(y_, y), (y_ - y) * loss_less, (y - y_) * loss_more))

#定义反向传播算法的优化方法
train_step = tf.train.AdamOptimizer(learning_rate=0.001).minimize(loss)

#设置随机数种子
rdm = RandomState(seed=1)
#设置随机数据集大小
dataset_size = 128
X = rdm.rand(dataset_size, 2)
'''设置回归的正确值，为两个输入的和加上一个随机量。
之所以要加上一个随机量是为了加入不可预测的噪声，否则不同损失函数的意义就不大了。
一般来说噪声为一组均值为 0 的小量，所以这里的噪声设置为-0.05～0.05 的随机数。'''
Y = [[x1 + x2 + rdm.rand()/10.0 -0.05] for x1,x2 in X]

#创建会话
with tf.Session() as sess:
    #初始化变量
    init_op = tf.global_variables_initializer()
    sess.run(init_op)

    print(sess.run(w))

    #设置 batch_size 的大小
```

```
batch_size = 8
#设置训练的轮数
STEPS = 5000
for i in range(STEPS):
 #每次选取 batch_size 个样本进行训练
 start = (i * batch_size) % dataset_size
 end = min(start + batch_size, dataset_size)

 #通过选取的样本训练神经网络并更新参数
 sess.run(train_step, feed_dict={x:X[start:end], y_:Y[start:end]})

print(sess.run(w))
```

程序编写好之后，运行程序，预测结果上方的两个数值是真实数值，下方的两个数值是预测数值，这里设定了 loss_less 是 1，loss_more 是 10，因此预测的结果会偏小。预测结果如图 7-18 所示。

```
#创建会话
with tf.Session() as sess:
 #初始化变量
 init_op = tf.global_variables_initializer()
 sess.run(init_op)

 print(sess.run(w))

 #设置batch训练数据的大小
 batch_size = 8
 #设置训练得轮数
 STEPS = 5000
 for i in range(STEPS):
  #每次选取batch_size个样本进行训练
  start = (i * batch_size) % dataset_size
  end = min(start + batch_size, dataset_size)

  #通过选取的样本训练神经网络并更新参数
  sess.run(train_step, feed_dict={x:X[start:end], y_:Y[start:end]})

 print(sess.run(w))
[[-0.8113182]
 [ 1.4845988]]
[[0.95561105]
 [0.98101896]]
```

图 7-18 预测结果

任务 7.3 训练人脸识别模型

工作任务

任务 7.2 中介绍了损失函数的概念，以及用自定义的损失函数训练了商品销量的预测模型，对于损失函数的定义相信读者有了基本的了解，本书不详细介绍损失函数的定义，更多的细节读者可以课后查阅相关书籍进一步了解。

本任务训练的模型是人脸识别模型，与商品销量预测模型不同，人脸识别是对图像的识别，跟预测的应用不同，并不是预测出人脸对象，而是识别出图像中的人对应的身份信息。

相关知识

OpenCV

OpenCV 的图标如图 7-19 所示。OpenCV 是一个开源的计算机视觉库，有 C++、Python 和 Java 这 3 种编程语言的接口，支持 Windows、Linux、macOS、iOS 和 Android 这些主流的计算机操作系统或移动设备操作系统。

图 7-19 OpenCV 的图标

OpenCV 可以处理图像，如图像滤波、调整图像尺寸、扭曲图像等，还可以处理视频，对视频进行背景减除和对象跟踪等。

任务实施

训练人脸识别模型需要用到人脸数据集，数据集包括训练集和测试集，本任务采用的人脸数据集是 LFW（Labeled Faces in the Wild），由 Ubuntu 系统训练模型；读者可以尝试利用 Jupyter Notebook 容器训练人脸识别模型，并且在此过程中，解决相关问题。

下载人脸数据集，如图 7-20 所示。

图 7-20 下载人脸数据集

下载的数据集是压缩文件，在 Jupyter Notebook 用 Python 程序的解压缩功能将数据集解压到 input_img 文件夹中。解压人脸数据，如图 7-21、图 7-22 所示。

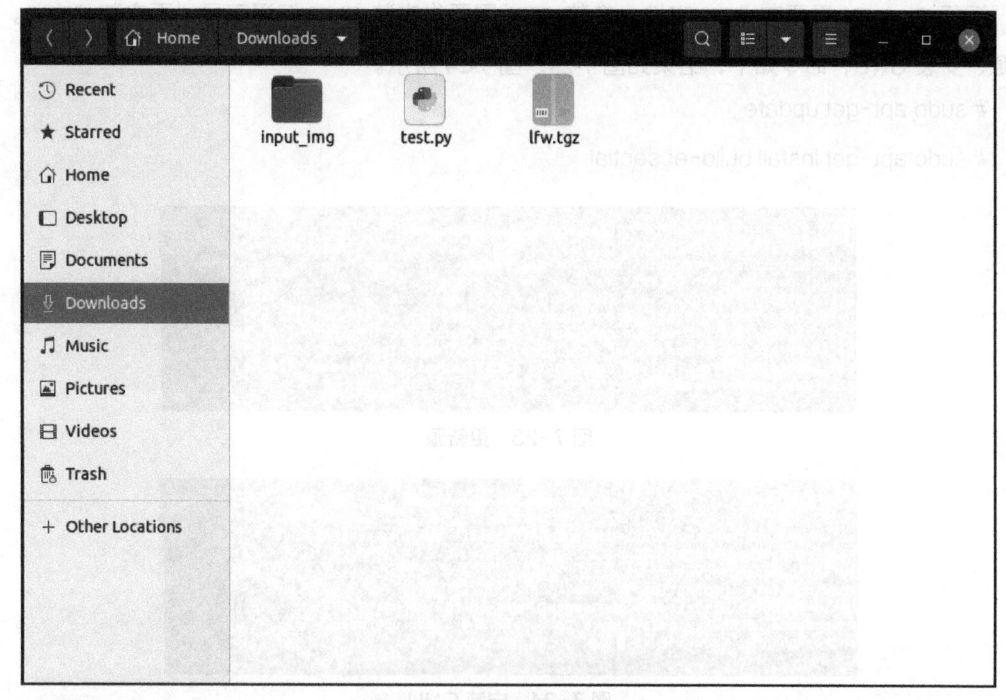

图 7-21 解压人脸数据（一）

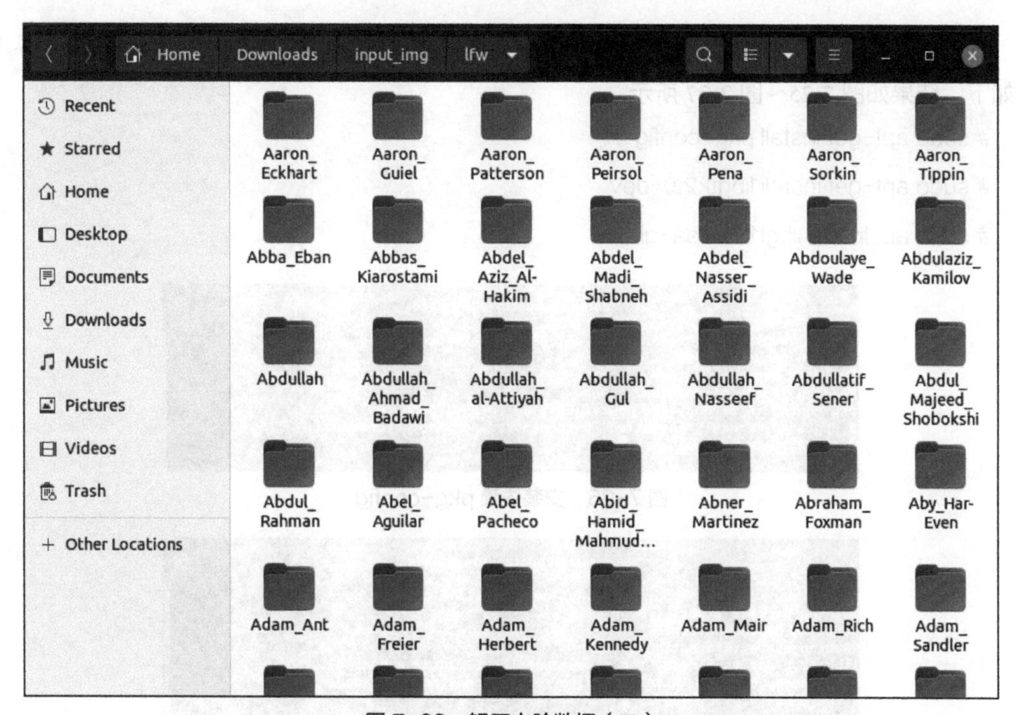

图 7-22 解压人脸数据（二）

Ubuntu 系统还需要安装 libgtk2.0-dev 和 pkg-config 依赖，如果没有这两个依赖，OpenCV 会无法运行。

运行 OpenCV 需要有 GTK 支持，安装 GTK 需要先安装 GNU 编译工具，再安装 GTK2。更新源、安装 GNU，命令如下，结果如图 7-23、图 7-24 所示。

```
# sudo apt-get update
# sudo apt-get install build-essential
```

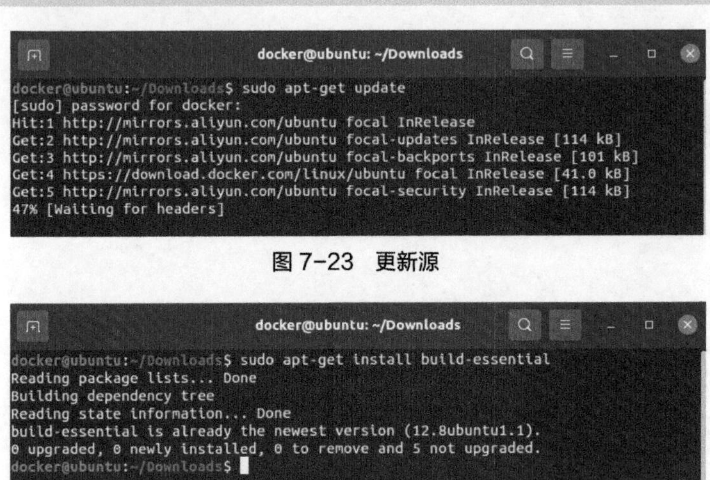

图 7-23　更新源

图 7-24　安装 GNU

运行程序和 OpenCV 需要一些依赖。首先，安装依赖 pkg-config、安装 GTK、安装依赖，命令如下，结果如图 7-25～图 7-27 所示。

```
# sudo apt-get install pkg-config
# sudo apt-get install libgtk2.0-dev
# sudo apt install libgl1-mesa-glx
```

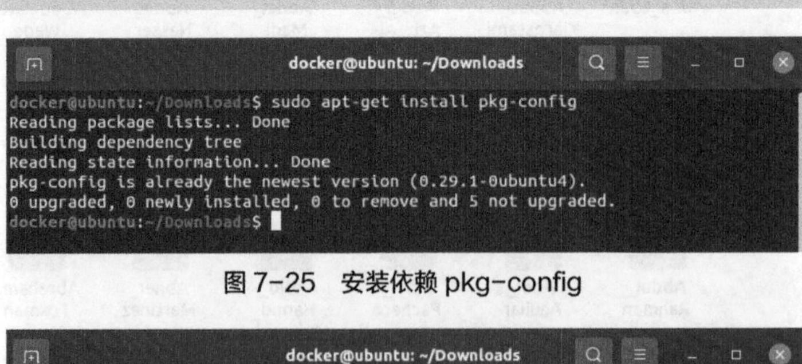

图 7-25　安装依赖 pkg-config

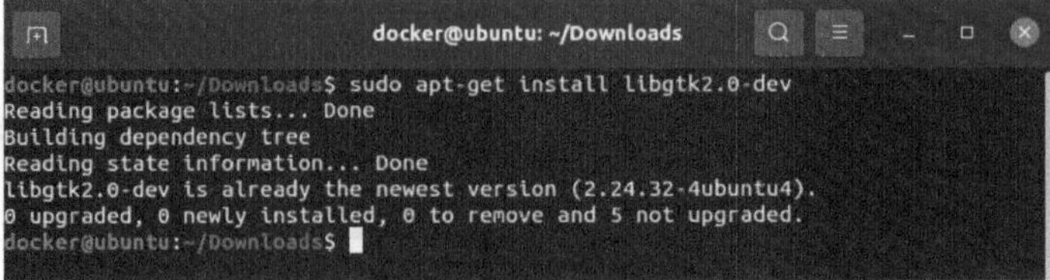

图 7-26　安装 GTK

```
docker@ubuntu:~/Downloads$ sudo apt install libgl1-mesa-glx
Reading package lists... Done
Building dependency tree
Reading state information... Done
libgl1-mesa-glx is already the newest version (20.2.6-0ubuntu0.20.04.1).
0 upgraded, 0 newly installed, 0 to remove and 5 not upgraded.
docker@ubuntu:~/Downloads$
```

图 7-27 安装依赖

安装完之后检查一下包，确认安装完成，命令如下，结果如图 7-28 所示。

```
# pkg-config --modversion gtk+-2.0
```

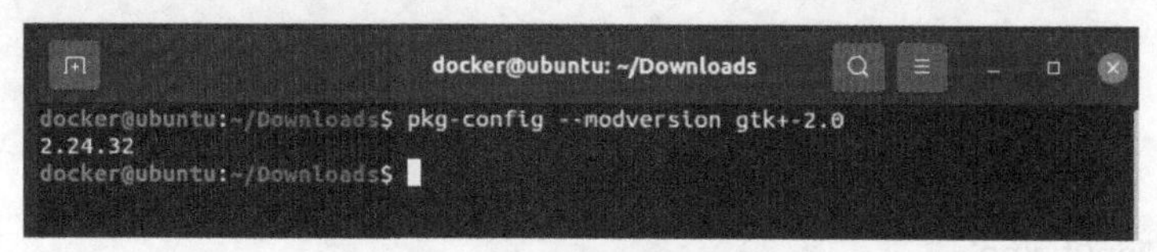

图 7-28 确认安装完成

接下来安装 OpenCV 和 dlib，用 dlib 提取人脸特征，并且将提取特征后的图片存储到 output_img 下。

由于我们是在 Docker 环境下安装 dlib 和 OpenCV 的，因此，两者的安装方法相对操作系统环境下的有所区别。安装 dlib 之前需要安装 cmake。安装 cmake 的命令如下，结果如图 7-29 所示。

```
# pip install cmake
```

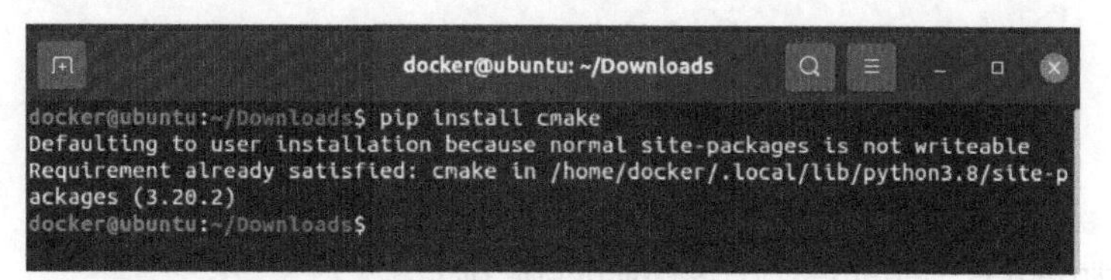

图 7-29 安装 cmake

安装 dlib 的命令如下，结果如图 7-30 所示。

```
# pip install dlib
```

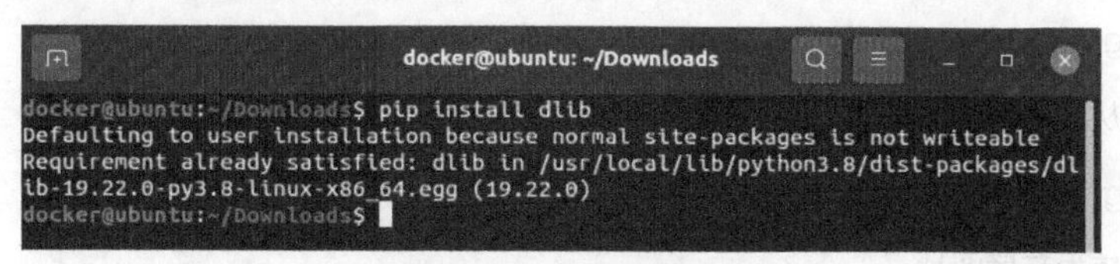

图 7-30 安装 dlib

最后，安装 OpenCV，命令如下，结果如图 7-31 所示。

```
# pip install opencv-contrib-python
```

图 7-31　安装 OpenCV

准备工作做好之后，我们需要用 dlib 把图片处理一下。图片处理代码如下。

```
import sys
import os
import cv2
import dlib

input_dir = 'input_img'
output_dir = 'output_img'
size = 64

detector = dlib.get_frontal_face_detector()

if not os.path.exists(output_dir):
    os.makedirs(output_dir)


index = 1
for (path, dirnames, filenames) in os.walk(input_dir):
    for filename in filenames:
        if filename.endswith('.jpg'):
            print('Being processed picture %s' % index)
            img_path = path+'/'+filename
            # 从文件读取图片
            img = cv2.imread(img_path)
            # 转为灰度图片
            gray_img = cv2.cvtColor(img, cv2.COLOR_BGR2GRAY)
            # 使用 detector 进行人脸检测，dets 为返回的结果
            dets = detector(gray_img, 1)
```

```
        #使用 enumerate 函数遍历序列中的元素以及它们的下标
        #下标 i 为人脸序号
        #left：人脸左边距离图片左边界的距离。right：人脸右边距离图片右边界的距离
        #top：人脸上边距离图片上边界的距离。bottom：人脸下边距离图片下边界的距离
        for i, d in enumerate(dets):
            x1 = d.top() if d.top() > 0 else 0
            y1 = d.bottom() if d.bottom() > 0 else 0
            x2 = d.left() if d.left() > 0 else 0
            y2 = d.right() if d.right() > 0 else 0
            # img[y:y+h,x:x+w]
            face = img[x1:y1,x2:y2]
            # 调整图片的尺寸
            face = cv2.resize(face, (size,size))
            cv2.imshow('image',face)
            # 保存图片
            cv2.imwrite(output_dir+'/'+str(index)+'.jpg', face)
            index += 1

    key = cv2.waitKey(30) & 0xff
    if key == 27:
        sys.exit(0)
```

代码写好之后，运行代码，等待图片处理完成，如图 7-32 所示。

图 7-32　图片处理

图片处理好之后，接下来就是训练人脸识别模型的环节。训练人脸识别模型的代码涉及scikit-learn库，需要装载这个库才可以进行训练。安装scikit-learn、训练模型，如图7-33、图7-34所示。安装scikit-learn的命令如下。

```
# pip3 install scikit-learn
```

```
docker@ubuntu:~/Downloads$ pip3  install scikit-learn
Defaulting to user installation because normal site-packages is not writeable
Collecting scikit-learn
  Downloading scikit_learn-0.24.2-cp38-cp38-manylinux2010_x86_64.whl (24.9 MB)
     |████████████████████████████████| 24.9 MB 1.3 MB/s
Collecting threadpoolctl>=2.0.0
  Downloading threadpoolctl-2.1.0-py3-none-any.whl (12 kB)
Collecting scipy>=0.19.1
  Downloading scipy-1.6.3-cp38-cp38-manylinux1_x86_64.whl (27.2 MB)
     |████████████████████████████████| 27.2 MB 2.1 MB/s
Collecting joblib>=0.11
  Downloading joblib-1.0.1-py3-none-any.whl (303 kB)
     |████████████████████████████████| 303 kB 2.1 MB/s
Requirement already satisfied: numpy>=1.13.3 in /home/docker/.local/lib/python3.8/site-packages (from scikit-learn) (1.19.5)
Installing collected packages: threadpoolctl, scipy, joblib, scikit-learn
Successfully installed joblib-1.0.1 scikit-learn-0.24.2 scipy-1.6.3 threadpoolctl-2.1.0
```

图7-33　安装sklearn

训练人脸识别模型的代码如下。

```
import tensorflow.compat.v1 as tf
import cv2
import numpy as np
import os
import random
import sys
from sklearn.model_selection import train_test_split

my_faces_path = './my_faces'
other_faces_path = './other_faces'
size = 64


imgs = []
labs = []

def getPaddingSize(img):
    h, w, _ = img.shape
    top, bottom, left, right = (0,0,0,0)
    longest = max(h, w)
```

```
        if w < longest:
            tmp = longest - w
            # //表示整除符号
            left = tmp // 2
            right = tmp - left
        elif h < longest:
            tmp = longest - h
            top = tmp // 2
            bottom = tmp - top
        else:
            pass
        return top, bottom, left, right

def readData(path , h=size, w=size):
    for filename in os.listdir(path):
        if filename.endswith('.jpg'):
            filename = path + '/' + filename

            img = cv2.imread(filename)

            top,bottom,left,right = getPaddingSize(img)
            # 将图片放大，扩充图片边缘部分
            img = cv2.copyMakeBorder(img, top, bottom, left, right,
            cv2.BORDER_CONSTANT, value=[0,0,0])
            img = cv2.resize(img, (h, w))

            imgs.append(img)
            labs.append(path)

readData(my_faces_path)
readData(other_faces_path)
# 将图片数据与标签转换成数组
```

```
imgs = np.array(imgs)
labs = np.array([[0,1] if lab == my_faces_path else [1,0] for lab in labs])
# 随机划分测试集与训练集
train_x,test_x,train_y,test_y = train_test_split(imgs, labs, test_size=0.05, random_state=
random.randint(0,100))
# 参数：图片数据的总数，图片的高、宽、通道
train_x = train_x.reshape(train_x.shape[0], size, size, 3)
test_x = test_x.reshape(test_x.shape[0], size, size, 3)
# 将数据转换成小于 1 的数
train_x = train_x.astype('float32')/255.0
test_x = test_x.astype('float32')/255.0

print('train size:%s, test size:%s' % (len(train_x), len(test_x)))
# 图片块，每次取 100 张图片
batch_size = 100
num_batch = len(train_x) // batch_size

x = tf.placeholder(tf.float32, [None, size, size, 3])
y_ = tf.placeholder(tf.float32, [None, 2])

keep_prob_5 = tf.placeholder(tf.float32)
keep_prob_75 = tf.placeholder(tf.float32)

def weightVariable(shape):
    init = tf.random_normal(shape, stddev=0.01)
    return tf.Variable(init)

def biasVariable(shape):
    init = tf.random_normal(shape)
    return tf.Variable(init)

def conv2d(x, W):
    return tf.nn.conv2d(x, W, strides=[1,1,1,1], padding='SAME')
```

```
def maxPool(x):
    return tf.nn.max_pool(x, ksize=[1,2,2,1], strides=[1,2,2,1], padding='SAME')

def dropout(x, keep):
    return tf.nn.dropout(x, keep)

def cnnLayer():
    # 第一层
    W1 = weightVariable([3,3,3,32]) # 卷积核大小(3,3)， 输入通道（3）， 输出通道(32)
    b1 = biasVariable([32])
    # 卷积
    conv1 = tf.nn.relu(conv2d(x, W1) + b1)
    # 池化
    pool1 = maxPool(conv1)
    # 减少过拟合，随机让某些权重不更新
    drop1 = dropout(pool1, keep_prob_5)
    # 第二层
    W2 = weightVariable([3,3,32,64])
    b2 = biasVariable([64])
    conv2 = tf.nn.relu(conv2d(drop1, W2) + b2)
    pool2 = maxPool(conv2)
    drop2 = dropout(pool2, keep_prob_5)
    # 第三层
    W3 = weightVariable([3,3,64,64])
    b3 = biasVariable([64])
    conv3 = tf.nn.relu(conv2d(drop2, W3) + b3)
    pool3 = maxPool(conv3)
    drop3 = dropout(pool3, keep_prob_5)
    # 全连接层
    Wf = weightVariable([8*16*32, 512])
    bf = biasVariable([512])
    drop3_flat = tf.reshape(drop3, [-1, 8*16*32])
```

```
        dense = tf.nn.relu(tf.matmul(drop3_flat, Wf) + bf)
        dropf = dropout(dense, keep_prob_75)
        # 输出层
        Wout = weightVariable([512,2])
        bout = weightVariable([2])
        #out = tf.matmul(dropf, Wout) + bout
        out = tf.add(tf.matmul(dropf, Wout), bout)
        return out

    def cnnTrain():
        out = cnnLayer()

        cross_entropy = tf.reduce_mean(tf.nn.softmax_cross_entropy_with_logits(logits=out,
labels=y_))

        train_step = tf.train.AdamOptimizer(0.01).minimize(cross_entropy)
        # 比较标签是否相等，再求所有数的平均值，用 tf.cast 强制转换类型
        accuracy = tf.reduce_mean(tf.cast(tf.equal(tf.argmax(out, 1), tf.argmax(y_, 1)), tf.float32))
        # 将 loss 与 accuracy 保存以供 tensorboard 使用
        tf.summary.scalar('loss', cross_entropy)
        tf.summary.scalar('accuracy', accuracy)
        merged_summary_op = tf.summary.merge_all()
        # 数据保存器的初始化
        saver = tf.train.Saver()

        with tf.Session() as sess:

            sess.run(tf.global_variables_initializer())

            summary_writer = tf.summary.FileWriter('./tmp', graph=tf.get_default_graph())

            for n in range(10):
                # 每次取 128(batch_size)张图片
```

```
            for i in range(num_batch):
                batch_x = train_x[i*batch_size : (i+1)*batch_size]
                batch_y = train_y[i*batch_size : (i+1)*batch_size]
                # 开始训练数据，同时训练 3 个变量，返回 3 个数据
                _,loss,summary = sess.run([train_step, cross_entropy, merged_summary_op],
                                    feed_dict={x:batch_x,y_:batch_y, keep_prob_5:0.5,
keep_prob_75:0.75})
                summary_writer.add_summary(summary, n*num_batch+i)
                # 输出损失
                print(n*num_batch+i, loss)

                if (n*num_batch+i) % 100 == 0:
                  # 获取测试数据的准确率
                  acc = accuracy.eval({x:test_x, y_:test_y, keep_prob_5:1.0, keep_prob_
75:1.0})
                  print(n*num_batch+i, acc)
                  # 准确率大于 0.98 时保存并退出
                  if acc > 0.98 and n > 2:
                    saver.save(sess, './train_faces.model', global_step=n*num_batch+i)
                    sys.exit(0)
        print('accuracy less 0.98, exited!')


    cnnTrain()
```

```
docker@ubuntu:~/Downloads$ python3 train.py
2021-05-31 08:49:14.599138: W tensorflow/stream_executor/platform/default/dso_loader.cc:64] Could not load dynamic library 'libcudart.so.11.0'; dlerror: libcudart.so.11.0: cannot open shared object file: No such file or directory
2021-05-31 08:49:14.599194: I tensorflow/stream_executor/cuda/cudart_stub.cc:29] Ignore above cudart dlerror if you do not have a GPU set up on your machine.
WARNING:tensorflow:From /home/docker/.local/lib/python3.8/site-packages/tensorflow/python/compat/v2_compat.py:96: disable_resource_variables (from tensorflow.python.ops.variable_scope) is deprecated and will be removed in a future version.
Instructions for updating:
non-resource variables are not supported in the long term
train size:13286, test size:700
WARNING:tensorflow:From /home/docker/.local/lib/python3.8/site-packages/tensorflow/python/util/dispatch.py:206: calling dropout (from tensorflow.python.ops.nn_ops) with keep_prob is deprecated and will be removed in a future version.
Instructions for updating:
Please use `rate` instead of `keep_prob`. Rate should be set to `rate = 1 - keep_prob`.
WARNING:tensorflow:From /home/docker/.local/lib/python3.8/site-packages/tensorflow/python/util/dispatch.py:206: softmax_cross_entropy_with_logits (from tensorflow.python.ops.nn_ops) is deprecated and will be removed in a future version.
Instructions for updating:

Future major versions of TensorFlow will allow gradients to flow
into the labels input on backprop by default.

See `tf.nn.softmax_cross_entropy_with_logits_v2`.

2021-05-31 08:49:18.795641: W tensorflow/stream_executor/platform/default/dso_loader.cc:64] Could not load dynamic library 'libcuda.so.1'; dlerror: libcuda.so.1: cannot open shared object file: No such file or directory
2021-05-31 08:49:18.795701: W tensorflow/stream_executor/cuda/cuda_driver.cc:326] failed call to cuInit: UNKNOWN ERROR (303)
2021-05-31 08:49:18.795728: I tensorflow/stream_executor/cuda/cuda_diagnostics.cc:156] kernel driver does not appear to be running on this host (ubuntu): /proc/driver/nvidia/version does not exist
2021-05-31 08:49:18.796602: I tensorflow/core/platform/cpu_feature_guard.cc:142] This TensorFlow binary is optimized with oneAPI Deep Neural Network Library (oneDNN) to use the following CPU instructions in performance-critical operations:  AVX2 FMA
To enable them in other operations, rebuild TensorFlow with the appropriate compiler flags.
2021-05-31 08:49:18.894517: I tensorflow/core/platform/profile_utils/cpu_utils.cc:114] CPU Frequency: 1799995000 Hz
2021-05-31 08:49:19.821361: W tensorflow/core/framework/cpu_allocator_impl.cc:80] Allocation of 52428800 exceeds 10% of free system memory.
2021-05-31 08:49:20.784035: W tensorflow/core/framework/cpu_allocator_impl.cc:80] Allocation of 52428800 exceeds 10% of free system memory.
0 0.6950402
2021-05-31 08:49:20.889357: W tensorflow/core/framework/cpu_allocator_impl.cc:80] Allocation of 34406400 exceeds 10% of free system memory.
2021-05-31 08:49:20.911895: W tensorflow/core/framework/cpu_allocator_impl.cc:80] Allocation of 367001600 exceeds 10% of free system memory.
2021-05-31 08:49:21.255342: W tensorflow/core/framework/cpu_allocator_impl.cc:80] Allocation of 91750400 exceeds 10% of free system memory.
```

图 7-34 训练模型

项目小结

本项目在 Jupyter Notebook 容器上训练了两种不同的模型，分别是手写数字识别模型和商品销量预测模型，人脸识别模型的 Jupyter Notebook 实现是需要读者通过自己的实践完成的。通过这些任务之间的联系，相信读者已经对 TensorFlow 以及人工智能的实践有了充足的认知，相信这些能力将会体现在工作中。

思考与训练

1. 选择题

人脸识别模型的训练中，使用到的 Python 库有（　　）。

A. dlib　　B. OpenCV　　C. NumPy　　D. imageio

2. 判断题

（1）图像识别的准确度能达到 100%。（　　）

（2）损失函数只有 L_1 和 L_2 两种类型。（　　）

（3）Jupyter Notebook 只能进行 Python 编程。（　　）

3. 简答题

（1）Python 程序在 Jupyter Notebook 上运行与在本地运行的差别是什么？

（2）商品销售模型还有什么损失函数可以使用？